全国高职高专建筑类专业规划教材

建筑装饰工程计量与计价

主　编　陶继水　何　芳

副主编　仇多荣　鞠　杰

　　　　刘全升　祁　彬

主　审　汪华胜

黄河水利出版社

·郑　州·

内 容 提 要

本书是全国高职高专建筑类专业规划教材,是根据教育部对高职高专教育的教学基本要求及中国水利教育协会职业技术教育分会高等职业教育教学研究会组织制定的建筑装饰工程计量与计价课程标准、预算员岗位能力的要求编写完成的。本书共8个学习项目,全面阐述了如何编制建筑装饰工程工程量清单,具体内容包括建筑装饰工程造价概论、建筑装饰工程定额、建设工程费用、装饰工程工程量清单编制、装饰工程清单项目工程量计算、装饰工程工程量清单计价及其编制、建筑装饰工程结算和竣工决算、建设工程招投标与合同价款约定。每个学习项目后面安排有复习思考题,以利于对基础知识的巩固和复习,掌握编制工程量清单的技能和技巧。

本书可作为高职高专院校建筑装饰工程技术、环境艺术设计、工程造价等专业的教材,也可供行业工程造价管理人员学习参考。

图书在版编目(CIP)数据

建筑装饰工程计量与计价/陶继水,何芳主编. —郑
州:黄河水利出版社,2018.2
全国高职高专建筑类专业规划教材
ISBN 978 - 7 - 5509 - 1965 - 5

Ⅰ.①建… Ⅱ.①陶…②何… Ⅲ.①建筑装饰 -
工程造价 - 高等职业教育 - 教材 Ⅳ.①TU723.3

中国版本图书馆 CIP 数据核字(2018)第 030825 号

组稿编辑:王路平 电话:0371-66022212 E-mail:hhslwlp@ 163. com

出 版 社:黄河水利出版社   网址:www.yrcp.com
     地址:河南省郑州市顺河路黄委会综合楼14层   邮政编码:450003
发行单位:黄河水利出版社
     发行部电话:0371 - 66026940、66020550、66028024、66022620(传真)
     E-mail:hhslcbs@ 126. com
承印单位:河南承创印务有限公司
开本:787 mm × 1 092 mm   1/16
印张:13.25
字数:310 千字   印数:1—3 100
版次:2018 年 2 月第 1 版   印次:2018 年 2 月第 1 次印刷

定价:32.00 元

前　言

本书是贯彻落实《国家中长期教育改革和发展规划纲要(2010～2020年)》、《国务院关于加快发展现代职业教育的决定》(国发〔2014〕19号)、《现代职业教育体系建设规划(2014～2020年)》等文件精神,在中国水利教育协会指导下,由中国水利教育协会职业技术教育分会高等职业教育教学研究会组织编写的第二轮建筑类专业规划教材。本套教材力争实现项目化、模块化教学模式,突出现代职业教育理念,以学生能力培养为主线,体现出实用性、实践性、创新性的教材特色,是一套理论联系实际、教学面向生产的高职教育精品规划教材。

随着21世纪我国建设进程的加快,建筑装饰装修越来越受到人们的关心和重视。随着装饰装修规模和范围的不断扩大,建筑装饰装修行业已经从传统的建筑业中分离出来,形成了一个比较独立的新兴行业。建筑装饰装修不仅广泛应用于公共建筑的酒店、银行、写字楼、办公楼及车站、码头、候机楼、休闲娱乐场所,而且已经进入寻常百姓家。

建筑装饰工程计量与计价是高等院校工程管理相关专业学习工程造价的核心课程,该课程要解决的主要问题是使学生从理论上掌握建筑装饰工程造价的编制原理,从实践上掌握建筑装饰工程造价的编制方法。本书是在总结以往教学经验的基础上编写的,本着"讲清概念、强化应用"的编写原则,具有系统性、实用性、创新性和实效性的特点。

本书以突出针对性和实用性为目的,以《建设工程工程量清单计价规范》(GB 50500—2013)、《住房和城乡建设部、财政部关于印发〈建筑安装工程费用项目组成〉的通知》(建标〔2013〕44号)、《建筑工程建筑面积计算规范》(GB/T 50353—2013)等文件内容为依据,结合地区建筑工程定额的使用情况编写而成。书中融入大量例题,简单明了,以便于读者理解和掌握所学内容。

本书编写人员及编写分工如下:安徽水利水电职业技术学院陶继水(绪论、项目五),广西水利电力职业技术学院祁彬(项目一),安徽水利水电职业技术学院何芳(项目二、项目三),河南水利与环境职业学院刘全升(项目四、项目六),郑州城市职业学院鞠杰(项目七),安徽水利水电职业技术学院仇多荣(项目八)。本书由陶继水、何芳担任主编,陶继水负责全书统稿;由仇多荣、鞠杰、刘全升、祁彬担任副主编;由安徽水利水电职业技术学院汪华胜担任主审。

由于作者水平有限,对书中存在的缺点和疏漏之处,敬请广大读者批评指正。

编者
2017年11月

目 录

绪　论

在国民经济飞速发展的今天,建筑业已成为我国四大支柱产业之一,在国民经济中起到了越来越重要的作用。其中,建筑装饰市场也呈现了多元化、国际化的变化趋势。

建筑装饰是根据用户需要和环境要求专门设计、定做的成套产品,是创造完美艺术空间的系统工程,是一个跨地区、跨部门的多产品、高技术的新兴行业。建筑装饰为人们提供了一个使用便捷、舒适、安全且具有完美艺术性的空间环境。建筑改善了居住、办公、娱乐条件,提高了生活、生产环境质量,满足了人们的物质与精神需要,有利于人们的身心健康。特别是世界环境与发展大会之后,人们的"绿色观念"增强,绿色消费、绿色产品、绿色服务风靡全球,建筑装饰也趋向污染极小或环境无害方面。建筑装饰集产品、技术、艺术、劳务和工程、环保于一体,既属于第二产业,又属于第三产业。它比传统的建筑业更注重艺术效果和环境效果,具有适用性、舒适性、艺术性、多样性、可变性和可更新性等特点。

任务 0.1　建筑装饰工程的概念

建筑装饰是指为保护建筑物的主体结构、完善建筑物的使用功能和美化建筑物,采用装饰装修材料或饰物,对建筑物的内外表面及空间进行各种处理的过程。其含义包括了目前采用的"建筑装饰""建筑装修"及"建筑装潢"等。

(1)建筑装饰。建筑装饰反映的是面层处理,是为了美化建筑物,体现个性化视觉效果及增加居住使用舒适感所做的工程。

(2)建筑装修。建筑装修是指不影响房屋结构的承重部分,为保证建筑房屋使用的基本功能所做的工程。"装修"一词与基层处理、龙骨设置等工程内容更为符合。

(3)建筑装潢。建筑装潢的本意是指裱画,在现代,建筑装潢则引申为对建筑的装饰美化。

任务 0.2　建筑装饰工程的作用、分类及特点

1　建筑装饰工程的作用

建筑装饰工程是建筑工程的重要组成部分,它是在已经建设起来的建筑实体上进行装饰的工程,包括建筑内外装饰和相应的设施。建筑装饰工程具有以下作用。

(1)保护建筑主体结构。通过建筑装饰,使建筑物主体不受风、雨、雪和有害气体的侵蚀。

(2)保证建筑物的使用功能。主要是指建筑装饰应满足建筑物在灯光、卫生和隔音等方面的要求。

（3）强化建筑物的空间序列。对公共娱乐设施、商场、写字楼等建筑物的内部进行合理布局和分隔，以满足这些建筑物在使用上的各种要求。

（4）强化建筑物的意境和气氛。通过建筑装饰，对室内外的环境进行再创造，从而使居住者或使用者获得精神享受。

（5）装饰性作用。通过建筑装饰，可以达到美化建筑物和周围环境的作用，能够丰富建筑设计的效果和体现建筑艺术的表现力。

总而言之，在人们所熟悉的公共及居住空间中都有建筑装饰装修的过程，它不仅提升了人们的物质生活水平，而且在精神上通过装饰材料，运用不同的色彩、质感等元素使人们在心理上得到愉悦。

建筑装饰企业在对建筑进行装饰过程中除进行合理的施工外，还要在成本上进行控制，合理地控制报价，做出适宜的报价，既能使企业获取一定的经济利益，又能通过装饰为人们的生活提供更好的服务。

2 建筑装饰工程的分类

2.1 按用途划分

（1）保护性装饰。保护性装饰主要用来保护结构，它设于建筑结构外层，保护建筑构件免遭大气、有害介质的侵蚀和人为的污染。例如，通过装饰避免混凝土被碳化。

（2）功能装饰。功能装饰可对建筑物起保温、隔音（吸音）、防火、防潮、防腐等作用。

（3）饰面装饰。饰面装饰起美化建筑的作用，用于改善人们的工作、生活环境。

（4）空间利用装饰。通过安置各种搁板、壁柜、吊柜等，充分利用空间，为工作、生活提供方便。

2.2 按装饰部位划分

按装饰部位，可以将建筑装饰工程划分为外墙装饰、内墙装饰、楼地面装饰和顶棚装饰。

2.3 按所用材料划分

按使用材料不同，可以将建筑装饰工程划分为水泥、石灰、石膏类装饰，陶瓷类装饰，玻璃类装饰，涂料类装饰，塑料类装饰，木材类装饰，金属类装饰等。

3 建筑装饰工程的特点

建筑装饰是对建筑物的装扮和修饰，因此对建筑要有一个准确的理解和认识，如对建筑的属性、艺术风格、建筑空间性质和特征、建筑时空环境的意境和气氛等应有较好的把握。建筑装饰是一个再创造过程，只有对所要装饰的建筑有了正确的理解把握，才能更好地发挥装饰效果，使建筑艺术与人们的审美观协调一致，从而在精神上给人们以艺术享受。总的来说，建筑装饰工程有以下几个特点。

（1）边缘性（涉及面广）。建筑装饰不仅涉及人文、地理、环境艺术和建筑知识，而且还与建筑装饰材料及其他各行各业有着密切的关系，如建筑装饰材料涉及五金、化工、轻纺等多行业、多学科，直接关系到工程质量、装饰档次。

（2）技术和艺术的结合（实用与美观）。建筑本身就已经是技术与艺术结合的产物，而深化和再创造的建筑装饰就更加需要知识、技术及艺术的支撑。

（3）周期性（先进超前、满足需求）。建筑是百年大计，而建筑装饰却随时代的变化而具有时代性，其使用年限远小于建筑结构。

（4）造价和经济观（级别和造价互相制约）。装饰的造价空间很大，从普通、豪华到超豪华，其造价相差甚远，所以装饰的级别受造价的控制。可以说，黄金有价，装饰无价。

任务 0.3 本课程的研究对象与任务

1 本课程的研究对象

建筑的产品是建筑物或构筑物，在一定的社会生产力水平条件下，生产这类产品时，与其他产品一样要消耗一定数量的活劳动和物化劳动。施工生产消耗虽然受诸多因素影响，但生产单位建筑产品与消耗的人力、物力和财力之间存在着一种必然的以质量为基础的定量关系，表示这个定量关系的就是建筑装饰工程定额。建筑装饰工程定额是客观地、系统地研究建筑装饰产品与生产要素之间的构成因素和规律，用科学的方法确定建筑装饰产品消耗标准，并经国家主管部门批准颁发建筑装饰产品消耗量的一个标准额度。

装饰工程建设是一项重要的社会物质生产活动，其中也必然要消耗一定数量的活劳动和物化劳动，而反映这种建筑装饰产品的实物形态在其建造过程中投入与产出之间的数量关系及建筑装饰产品在价值规律下的价格构成因素，即是本课程的研究对象。

2 本课程研究的任务

随着我国经济体制改革的不断深入，建筑装饰工程造价改革的最终目标是建立以市场形成价格为主的价格体制，改革现行建筑装饰工程定额管理方式，实行量价分离，引导企业积极参与市场竞争，政府进行宏观调控，参考国际惯例的做法，制定统一的计价规范，为在招标投标中推行全国统一的工程量清单计价办法奠定基础。因此，如何运用各种经济规律和科学方法，合理确定建筑装饰工程造价，科学地掌握价格变动规律，就成为本课程研究的主要任务。特别是国家逐步推行工程量清单计价办法就是鼓励企业自行组价，制定企业定额，反映企业个别成本，挖掘企业巨大潜力，从而确定出科学合理且符合市场经济运行规律的建筑装饰产品价格。

3 本课程与相关课程的关系

本课程是一门政策性、技术性、经济性和综合性很强的专业课，内容多，涉及的知识面广。它是以建筑经济性、价格学和市场经济理论为理论基础，以建筑装饰工程识图、房屋构造、建筑装饰材料、建筑结构、装饰工程施工技术等课程为专业基础，与施工组织、装饰工程设备、计算机信息技术、建筑企业经营管理等课程有着密切联系，尤其是参与国际竞争，在装饰工程预算费用内容、价格组成、编制方法、审查程序等方面均要采用国际惯例。因此在学习本课程时，不但要重视理论课学习，而且要注重实际操作，边学边练，学练结合，不但要把握定额与预算的特点，而且要把握它们发展的内在规律性，牢固掌握、灵活运用,提高装饰工程造价编制的质量和水平。

任务0.4　本课程的重点与学习方法

1　本课程的重点

　　本课程主要介绍了建筑装饰工程造价的基本概念,建筑装饰工程定额及费用组成,建筑装饰工程工程量清单及计价的编制,工程结算、竣工决算和有关招标投标工作的基础知识。本课程的核心内容是建筑装饰工程工程量清单计算、工程量清单及计价的编制。

2　本课程的学习方法

　　(1)老师在教学时应注重结合当地现行定额或单位估价表以及工程量清单计价规范进行讲解,学生应认真听讲,做好笔记。

　　(2)必须与之前所学的专业课或专业基础课有机结合。本课程是一门专业性、技术性、综合性及实践性很强的专业课程,以前期所学课程建筑装饰构造、建筑装饰工程制图(识图)、建筑装饰材料、建筑装饰工程施工技术、施工组织设计及建筑装饰设备等为基础,才能更好地理解和学好本课程。

　　(3)必须理论与实践相结合。本课程实践性和操作性都很强,读者在学习时,不能只满足于理论,还必须结合工程实际,动手参与工程造价的编制,掌握装饰工程造价的编制原理、编制程序和相关计算。在实际编制中发现问题,要及时解决,并更深入地理解建筑装饰工程造价的基本理论。

学习项目1 建筑装饰工程造价概论

【教学要求】

本项目主要介绍基本建设的概念和分类,建设项目的划分及基本建设程序,工程造价不同阶段的编制深度以及建设工程计价的概念。通过学习训练,学生应学会对具体的建设项目进行划分,并懂得在建设程序的各阶段编制相应的工程计价文件。

任务1.1 基本建设概述

1 基本建设及其内容

基本建设是指投资建造固定资产和形成物质基础的经济活动。凡是固定资产扩大再生产的新建、扩建、改建、迁建、恢复工程及与之相关的活动均称为基本建设。基本建设的主要内容是把一定的物质资料如建筑材料、机械设备等,通过购置、建造、安装和调试等活动转化为固定资产,形成新的生产能力或使用效益的过程。与之相关的其他工作,如征用土地、勘察设计、筹建机构和生产职工培训等,也属于基本建设的组成部分。

所谓固定资产,是指在社会再生产过程中,使用一年以上,单位价值在规定限额以上的主要劳动资料和其他物质资料,如建筑物、构筑物、运输设备、电气设备等。凡不同时具备使用年限和单位价值限额两项条件的劳动资料均为低值易耗品。

基本建设的内容很广,主要如下。

1.1 建筑工程

建筑工程是指通过对各类房屋建筑及其附属设施的建造和其配套的线路、管道、设备的安装活动所形成的工程实体。主要包括以下几类:

(1)永久性和临时性的各种建筑物和构筑物,如住宅、办公楼、厂房、医院、学校、矿井、水塔、栈桥等新建、扩建、改建或恢复工程;

(2)各种民用管道和线路的敷设工程,如与房屋建筑及其附属设施相配套的电气、给排水、暖通、通信、智能化、电梯等线路、管道、设备的安装活动;

(3)设备基础;

(4)炉窑砌筑;

(5)金属结构工程;

(6)农田水利工程等。

1.2 设备及工器具购置

设备及工器具购置是指按设计文件规定,对用于生产或服务于生产的达到固定资产标准的设备、工器具的加工、订购和采购。

1.3 设备安装工程

设备安装工程是指永久性和临时性生产、动力、起重、运输、传动等设备的装备、安装工程,以及附属于被安装设备的管线敷设、绝缘、保温、刷油等工程。

1.4 工程建设其他工作

工程建设其他工作是指除上述三项工作外与建设项目有关的各项工作。其内容因建设项目性质的不同而有所差异。如新建工程建设要包括征地、拆迁安置、七通一平、勘察、设计、设计招标、施工招标、竣工验收和试车等。

2 建设项目及其分类

2.1 建设项目的概念

建设项目又称基本建设项目,是基本建设活动的最终体现。建设项目是指具有设计任务书,按一个总体设计进行施工,经济上实行独立核算,建设和运营中具有独立法人负责的组织机构,并且是由一个或一个以上的单项工程组成的新增固定资产投资项目的统称,如一座工厂、一个矿山、一条铁路、一所医院、一所学校等。

2.2 建设项目的分类

由于建设项目种类繁多,为了适应科学管理的需要,正确反映建设项目的性质、内容和规模,可以从不同角度对建设项目进行分类。

2.2.1 按建设项目的建设性质划分

2.2.1.1 新建项目

新建项目是指根据国民经济和社会发展的近远期规划,按照规定的程序立项,从无到有、"平地起家"建设的工程项目,或对原有项目重新进行总体设计,并使其新增固定资产价值超过原有固定资产价值3倍以上的建设项目。

2.2.1.2 扩建项目

扩建项目是指现有企事业单位在原有场地内或其他地点,为扩大产品的生产能力或增加经济效益而增建的生产车间、独立的生产线或分厂的项目;事业和行政单位在原有业务系统的基础上扩充规模而进行的新增固定资产投资项目。

2.2.1.3 改建工程

改建工程是指现有企事业单位对原有厂房、设备、工艺流程等进行技术改造或固定资产更新的项目。包括挖潜、节能、安全、环境保护等工程项目。

2.2.1.4 迁建项目

迁建项目是指原有企事业单位根据自身生产经营和事业发展的要求,按照国家调整生产力布局的经济发展战略的需要或出于环境保护等其他特殊要求,搬迁到异地建设的项目。不论规模是维持原状还是扩大建设,均称作迁建项目。

2.2.1.5 恢复项目

恢复项目是指原有企事业单位,因在自然灾害或战争中使原有固定资产遭受全部或部分报废,需要进行投资重建来恢复生产能力和作业条件、生活福利设施等工程项目。这类项目,不论是按原有规模恢复建设,还是在恢复过程中同时进行扩建,都属于恢复项目。但对尚未建设投产或交付使用的项目,受到破坏后,若仍按原设计重建的,原建设性质不变;若按新设计重建,则根据新设计内容来确定其性质。

建设项目按其性质分为上述五类,一个建设项目只能有一种性质,在项目按总体设计全部建成以前,其建设性质是始终不变的。

2.2.2　按投资作用划分

2.2.2.1　生产性建设项目

生产性建设项目是指直接用于物质生产或直接为物质资料生产服务的工程项目。主要包括以下项目:

(1)工业建设项目。包括工业、国防和能源建设项目。

(2)农业建设项目。包括农、林、牧、渔、水利建设项目。

(3)基础设施建设项目。包括交通、邮电、通信建设项目,地质普查、勘探建设项目等。

(4)商业建设项目。包括商业、饮食、仓储、综合技术服务事业的建设项目。

2.2.2.2　非生产性建设项目

非生产性建设项目是指用于满足人民物质生活和文化、福利需要的建设和非物质资料生产部门的建设项目。主要包括办公用房、居住建筑、公共建筑以及其他工程项目(不属于生产性建设项目各类的其他非生产性建设项目)。

2.2.3　按项目规模划分

为适应对工程项目分级管理的需要,国家规定基本建设项目分为大、中、小型三类;更新改造项目分为限额以上和限额以下两类。不同等级标准的建设项目,国家规定的审批机关和报建程序也不尽相同。

2.2.4　按项目的效益和市场需求划分

2.2.4.1　竞争性项目

竞争性项目主要指投资效益比较高、竞争性比较强的一般性建设项目。其投资主体一般为企业,由企业自主决策、自担投资风险。

2.2.4.2　基础性项目

基础性项目主要指具有自然垄断性、建设周期长、投资风险大而收益低的基础设施和需要政府重点扶持的一部分基础工业项目,以及直接增强国力的符合经济规模的支柱产业项目。政府应集中必要的财力、物力通过经济实体进行投资,同时还应广泛吸收企业参与投资,有时还可吸收外商直接投资。

2.2.4.3　公益性项目

公益性项目包括科技、文教、卫生、体育和环保等设施,政府机关、社会团体办公设施及国防建设工程等。公益性项目的投资主要由政府用财政资金来安排。

2.2.5　按项目的投资来源划分

2.2.5.1　政府投资项目

政府投资项目是指为了适应和推动国民经济或区域经济的发展,满足社会的文化、生活需要,以及出于政治、国防等因素的考虑,由政府通过财政投资、发行国债或地方财政债券、利用外国政府捐赠款以及国家财政担保的国内外金融组织的贷款等方式独资或合资兴建的工程项目。在国外也称为公共工程。

2.2.5.2　非政府投资项目

非政府投资项目是指企业、集体单位、外商和私人投资兴建的工程项目。这类项目一般均实行项目法人责任制,使项目的建设与建成后的运营实现一条龙管理。

2.2.6　按项目的建设阶段划分

按项目的建设阶段不同,建设项目可分为筹建项目、施工(在建)项目、竣工项目和建成投产项目。

3　建设项目的划分

为了准确地确定出每一个建设项目的全部建设费用,必须对整个基本建设项目进行科学的分析、研究,合理分解,以便计算出工程建设费用。为此,必须根据由大到小、从整体到局部的原则对工程建设项目进行多层次的分解和细化。计算工程造价时,则是按照由小到大、从局部到整体的顺序先求出每一个基本构成要素的费用,然后逐层汇总计算出整个建设项目的工程造价。所以,建设项目按照基本建设管理和合理确定工程造价的需要,分解为单项工程、单位工程、分部工程、分项工程4个项目层次。

3.1　单项工程

单项工程是指在一个工程项目中,具有独立的设计文件,竣工后能独立发挥生产能力或效益的一组配套齐全的工程项目。单项工程是建设项目的组成部分,一个建设项目可能就是一个单项工程,也可能包括若干个单项工程。如一所学校的教学楼、办公楼、图书馆等。

3.2　单位工程

单位工程是单项工程的组成部分。单位工程是指具有独立设计文件,可以独立组织施工,但建成后一般不能独立发挥生产能力或使用效益的工程。如办公楼是一个单项工程,该办公楼的土建工程、室内给排水工程、室内电气照明工程等,均属于单位工程。

3.3　分部工程

分部工程是单位工程的组成部分。分部工程是指在一个单位工程中,按工程部位及使用的材料和工种进一步划分的工程。如装饰工程的楼地面工程、墙柱面工程、天棚工程、油漆、涂料工程等,均属于分部工程。

3.4　分项工程

分项工程是分部工程的组成部分。分项工程是指在一个分部工程中,按不同的施工方法、不同的材料和规格,对分部工程进一步划分的用较为简单的施工过程就能完成,以适当的计量单位就可以计算其工程量的基本单元。如楼地面工程中包括块料面层、橡塑面层、踢脚线等分项工程。

划分建设项目一般是分析它包含几个单项工程,然后按单项工程、单位工程、分部工程、分项工程的顺序逐步细分。一个建设项目费用的形成过程,是在确定项目划分的基础上进行的。具体计算工作由分项工程量的计算开始,并以其相应分项工程计价为依据。从分项工程开始,按分项工程、分部工程、单位工程、单项工程、建设项目的顺序计算,最后汇总形成整个建设项目的造价,这就是确定建设项目和建筑产品价格的基本原理。某高职学院建设项目分解示意图见图1-1。

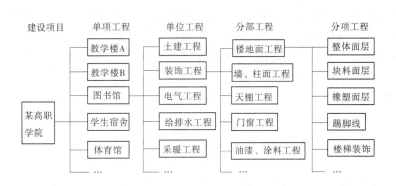

图 1-1　某高职学院建设项目分解示意图

4　基本建设程序

基本建设程序是指基本建设在整个建设过程中各项工作必须遵循的先后次序。依据我国现行工程建设程序法律法规的规定,工程建设由9个环节组成,如图1-2所示。

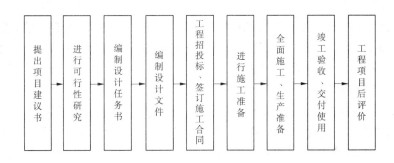

图 1-2　工程建设程序

4.1　提出项目建议书

项目建议书是根据区域发展和行业发展规划的要求,结合与该项目相关的自然资源、生产力状况和市场预测等信息,经过调查分析,说明拟建项目建设的必要性、条件的可行性、获利的可能性,向国家和省、市、地区主管部门提出的立项建议书。

项目建议书的主要内容有:项目提出的依据和必要性;拟建设规模和建设地点的初步设想;资源情况、建设条件、协作关系、引进技术和设备等方面的初步分析;投资估算和资金筹措的设想;项目的进度安排;经济效果和投资效益的分析和初步估价等。

4.2　进行可行性研究

有关部门根据国民经济发展规划以及批准的项目建议书,运用多种科学研究方法(政治、经济、技术方法等),对建设项目投资决策前进行的技术经济论证,并得出可行与否的结论即可行性研究报告。其主要任务是研究基本建设项目的必要性、可行性和合理性。

4.3　编制设计任务书

设计任务书是工程建设项目编制设计文件的主要依据。设计任务书的编制依据是批准的项目建议书和可行性研究报告,由建设单位组织设计单位编制。大中型项目的设计任务书一般包括以下内容:建设目的和依据;建设规模;水文地质资料;资源综合利用和"三废"治理方案;建设地址和拆迁方案;人防及抗震方案;建设工期;投资控制额度;劳动定员数量;达到的技术及经济效益,包括投资回收年限等。

设计任务书必须经有关部门批准。

4.4 编制设计文件

设计任务书批准后,设计文件一般由建设单位委托设计单位编制。一般建设项目设计分段进行,有三阶段设计和两阶段设计之分。

(1)三阶段设计包括初步设计(编制初步设计概算)、技术(修正)设计(编制修正概算)、施工图设计(编制施工图预算)。

(2)两阶段设计包括初步设计、施工图设计。

对于技术复杂且缺乏经验的项目,按三阶段设计;一般项目采用两阶段设计,有的小型项目可直接进行施工图设计。

4.5 工程招投标、签订施工合同

招投标是市场经济中的一种竞争形式,对于缩短基本建设工期、确保工程质量、降低工程造价、提高投资经济效益等具有重要的作用。建设单位根据已批准的设计文件和概算书,对拟建项目实行公开招标或邀请招标,选定具有一定技术、经济实力和管理经验,能胜任承包任务、效率高、价格合理且信誉好的施工单位承揽招标工程任务。施工单位中标后,应签订施工合同,确定承发包关系。

4.6 进行施工准备

开工前,应做好施工前的各项准备工作。主要内容是:征地拆迁、技术准备、搞好"四通一平";修建临时设施;协调图纸和技术资料的供应;落实建筑材料、设备和施工机械;组织施工力量按时进场。

4.7 全面施工、生产准备

施工准备就绪,需办理施工手续,取得当地建设主管部门颁发的施工许可证后方可正式施工。在施工前,施工单位要编制施工预算。为确保工程质量,必须严格按施工图纸、施工验收规范等要求进行施工,按照合理的施工顺序组织施工,加强经济核算。

在进行全面施工的同时,建设单位应当根据建设项目或主要单项工程生产技术特点,适时组成专门班子或机构,做好各项生产准备工作,以保证及时投产并尽快达到生产能力。如招收和培训必要的生产人员、组织生产管理机构和物资准备工作等。

4.8 竣工验收、交付使用

建设项目按批准的设计文件所规定的内容建设完成后,便可以组织竣工验收,这是对建设项目的全面性的考核。验收合格后,施工单位应向建设单位办理竣工移交和竣工结算手续,交付建设单位使用。

4.9 工程项目后评价

工程项目建设完成并投入生产或使用之后所进行的总结性评价,称为后评价。

后评价是对项目执行过程,项目的效益、作用和影响进行系统的、客观的分析、总结和评价,确定项目目标达到的程度。由此得出经验教训,为将来新的项目决策提供指导与借鉴作用。

任务 1.2　建筑装饰工程造价文件

1　工程造价的概念

　　建设工程造价是指建设工程项目预计开支或实际开支的全部固定资产投资费用,即是建设项目按照确定的建设内容、建设规模、建设标准、功能要求和使用要求等全部建成并验收合格交付使用所需的全部费用。从以上定义可以看出,建设项目的固定资产投资也就是建设项目的工程造价,二者在概念上是一致的,在量上是等同的。因此,在讨论固定资产投资时,经常使用工程造价这个概念。需要指出的是,在实际应用中,工程造价还有另一种含义,就是指工程价格,即建成一项工程,预计或实际在土地市场、设备市场、技术劳务市场以及承发包市场等交易活动中所形成的建筑安装工程的价格和建设工程的总价格。因此,工程造价有两种含义。

　　对第一种含义,显然是从投资者——业主的角度来定义的。投资者选定一个投资项目,为了获得预期的效益,就要通过项目评估进行投资决策,然后进行勘察、设计、施工等活动过程中所支付的全部费用形成了固定资产和无形资产,所有这些开支就构成了工程造价。从这个意义上说,工程造价就是完成一个工程建设项目所需费用的总和。

　　对第二种含义,显然是以商品经济和市场经济为前提的。它以工程这种特定的商品形式作为交易对象,通过招投标或其他交易方式,在进行多次预估的基础上,最终由市场形成的价格。在这里,工程的范围和内涵既可以是涵盖范围很大的一个建设项目,也可以是一个单项工程,或者是整个建设过程中的某个阶段,如土地开发工程、建设安装工程、装饰工程等,或者是其中的某个组成部分。随着经济发展中技术的进步、分工的细化和市场的完善,工程建设中的中间产品也会越来越多,商品交换会更加频繁,工程造价的种类和形式也会更为丰富。

1.1　工程造价的特点

　　工程造价的特点是由工程建设的特殊性决定的。

1.1.1　工程造价的大额性

　　能够发挥投资效用的任何一项工程,不仅实物形体庞大,而且造价高昂。动辄数百万元、数千万元、数亿元、十几亿元人民币,特大型工程项目的造价可达百亿元、千亿元人民币。工程造价的大额性事关有关各方面的重大经济利益,同时也会对宏观经济产生重大影响。这就决定了工程造价的特殊地位,也说明了造价管理的重要意义。

1.1.2　工程造价的个别性、差异性

　　任何一项工程都有特定的用途、功能和规模,每项工程所处地区、地段都不相同。因而,不同工程的内容和实物形态都具有差异性,这就决定了工程造价的个别性、差别性。

1.1.3　工程造价的动态性

　　任何一项工程从决策到竣工交付使用,都有一个较长的建设时间。在预计工期内,许多影响工程造价的动态因素,如工程变更、设备材料价格、工资标准、费率、利率、汇率等都有可能发生变化。这种变化必然会影响到造价的变动。所以,工程造价在整个建设期处

于不确定状态,直至竣工决算后才能最终确定工程的实际造价。

1.1.4 工程造价的层次性

建设工程的层次性决定了工程造价的层次性。一个建设项目(如学校)往往是由多项单项工程(如教学楼、办公楼、宿舍楼等)组成的。一个单项工程又是由若干个单位工程(如土建工程、给排水工程、电气安装工程等)组成的。与此相对应,工程造价也有三个层次,即项目总造价、单项工程造价和单位工程造价。

1.1.5 工程造价的兼容性

工程造价的兼容性首先表现在工程造价具有两种含义,其次表现在工程造价构成因素的广泛性和复杂性上。在工程造价中,首先是成本因素非常复杂;其次为获得建设工程用地支出的费用、项目可行性研究和规划设计费用、与政府一定时期决策(特别是产业政策和税收政策)相关的费用占有相当的份额;再次是盈利的构成也较为复杂,资金成本比较大。

1.2 工程造价的分类

按工程建设的不同阶段把工程造价分为投资估算、设计概算、修正概算、施工图预算、施工预算、竣工结算及竣工决算。不同的工程造价文件,其作用也不同。

1.2.1 投资估算

投资估算是指在项目建议书和可行性研究阶段,根据投资估算指标、类似工程的造价资料、现行的设备材料价格并结合工程的实际情况,对拟建项目的投资进行预测和确定。投资估算是判断项目可行性、进行项目决策的主要依据之一。投资估算又是项目决策筹资和控制造价的主要依据。

1.2.2 设计概算

设计概算是指在初步设计阶段,根据初步设计意图和有关概算定额或概算指标,通过编制工程概算文件,预先测算和限定的工程造价。概算造价与投资估算造价相比准确性有所提高,但应在投资估算造价控制之内,并且是控制拟建项目投资的最高限额。概算造价可分为建设项目总概算、单项工程综合概算和单位工程概算三个层次。

1.2.3 修正概算

修正概算是指当采用三阶段设计时,在技术设计阶段,随着对初步设计的深化,建设规模、结构性质、设备类型等方面可能要进行必要的修改和变动,因此初步设计概算随之需要做必要的修正和调整。但一般情况下,修正概算造价不能超过设计概算造价。

1.2.4 施工图预算

施工图预算是指在施工图设计阶段,根据施工图纸以及各种计价依据和有关规定计算的工程预期造价。它比设计概算或修正概算造价更为详尽和准确,但不能超过设计概算造价。

1.2.5 施工预算

施工预算是指在工程施工前,施工单位结合本企业情况,根据施工图纸、施工定额、施工及验收规范、标准图集、施工组织设计(或施工方案)编制的拟建工程施工所需的人工、材料和施工机械台班数和费用的技术经济文件,是施工企业用于企业内部管理的技术经济文件。

1.2.6   竣工结算

竣工结算是指在工程完成验收合格后,将有增减变化的内容,按照编制施工图预算的方法与规定,对原施工图预算逐项进行相应的调整而编制的确定工程实际造价并作为最终结算工程价款的经济文件。

1.2.7   竣工决算

竣工决算是在建设项目或单项工程完工后,由建设单位财务及有关部门,以竣工结算等资料为基础,编制的反映建设项目实际造价和投资效果的文件。竣工决算是竣工验收报告的重要组成部分,它包括建设项目从筹建到竣工投产全过程的全部实际支出费用。

1.3   工程计价

1.3.1   工程计价的概念

工程计价就是计算和确定建设项目的工程造价,也称工程估价。具体是指工程造价人员在项目实施的各个阶段,根据各个阶段的不同要求,遵循计价原则和程序,采用科学的计价方法,对投资项目最可能实现的合理价格做出科学的计算,从而确定投资项目的工程造价,编制工程造价的经济文件。

由于工程造价具有大额性、个别性、差异性、动态性、层次性及兼容性等特点,所以工程计价的内容、方法及表现形式也就各不相同。业主或其委托的咨询单位编制的工程项目投资估算、设计概算,咨询单位编制的标底,承包商及分包商提出的报价,都是工程计价的不同表现形式。

1.3.2   工程计价的特征

工程造价的特点,决定了工程造价有如下的计价特征。

1.3.2.1   计价的单件性

建设工程产品的个别性、差异性决定了每项工程都必须单独计算造价。

1.3.2.2   计价的多次性

建设项目建设周期长、规模大、造价高,因此按建设程序要分阶段进行。相应地,也要在不同阶段多次计价,以保证工程造价计算的准确性和控制的有效性。多次性计价是个逐步深化、细化和接近实际造价的过程。

1.3.2.3   计价的组合性

工程造价的计算是分部组合而成的,这一特征和建设项目的组合性有关。一个建设项目是一个工程综合体。这个综合体可以分解为许多有内在联系的独立和不能独立的工程。从计价和工程管理的角度,分部分项工程还可以分解。由此可以看出,建设项目的这种组合性决定了计价的过程是一个逐步组合的过程。这一特征在计算概算造价和预算造价时尤为明显,同时也反映到合同价和结算价中。其计价程序是:

分部分项工程费用→单位工程造价→单项工程造价→建设项目总造价

1.3.2.4   方法的多样性

工程造价的多次性计价有不同的计价依据,对造价的精确度要求也不相同,这就决定了计价方法有多样性的特征。如计算概预算造价的方法有单价法和实物法等,计算投资估算的方法有设备系数法、生产能力指数估算法等。不同的方法优缺点不同,适用条件也不同,计价时要根据具体情况加以选择。

1.3.2.5 依据的复杂性

由于影响造价的因素多,所以计价依据的种类也多,主要可以分为以下7类:

(1)计算设备和工程量的依据。

(2)计算人工、材料、机械等实物消耗量的依据。

(3)计算工程单价的依据。

(4)计算设备单价的依据。

(5)计算其他费用的依据。

(6)政府规定的税、费依据。

(7)确定物价指数和工程造价指数的依据。

依据的复杂性不仅使计算过程复杂,而且要求计价人员熟悉各类依据,并加以正确应用。

2 基本建设程序与工程造价的关系

基本建设项目是一种特殊产品,耗资巨大,其投资目标的实现是一个复杂的综合管理的系统过程,贯穿于基本建设项目实施的全过程,必须严格遵循基本建设的法规、制度和程序,按照工程造价发生的各个阶段,使"编""管"结合,实行各实施阶段的全面管理与控制,如图1-3所示。

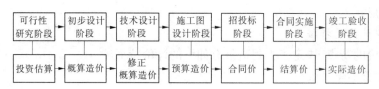

图1-3 概预算与基本建设程序关系示意图

图1-4说明了基本建设程序、工程造价编制与管理的总体过程,以及工程造价与基本建设不可分割的关系。工程造价的编制和管理,是一切建设项目管理的重要内容之一,是实施建设工程造价管理,有效地节约建设投资,提高投资效益的最直接的重要手段和方法。在一些项目的建设中,常常出现投资高、质量差、经济效益低的问题,在造价管理中反映出概算超估算、预算超概算、结算超预算(简称"三超")的问题。应当肯定,出现这种不良结果的影响是多方面的。然而,重编制、轻管理,特别是不注重动态的管理与控制,是最关键、最基本的错误倾向和问题。

3 工程计价的基本方法与模式

3.1 工程计价的基本方法

工程计价的形式和方法有多种,各不相同,但工程计价的基本过程和原理是相同的。如果仅从工程费用计算的角度分析,工程计价的顺序是:

分部分项工程费用→单位工程造价→单项工程造价→建设项目总造价

影响工程造价的主要因素有两个,即基本构造要素的实物工程数量和基本构造要素的单位价格,可用下式表达:

$$工程造价 = \sum（实物工程量 \times 单位价格）$$

3.2　工程计价的模式

装饰产品具有建设地点的固定性、施工的流动性、产品的单件性、施工周期长、涉及面广等特点。建设地点的不同，各地人工、材料、机械单价的不同及费用收取标准的不同，各个企业管理水平的不同等因素，决定了建筑产品必须有特殊的计价方法。

目前，我国建筑工程计价的模式有两种，即定额计价模式和工程量清单计价模式。虽然工程造价计价的方法有多种，且各不相同，但其计价的基本过程和原理都是相同的。

在装饰工程项目中，装饰预算的表达形式主要通过定额计价模式(工料单价法)和工程量清单计价模式(综合单价法)来开展运用。

3.2.1　定额计价模式

建设工程定额计价是我国长期以来在工程价格形成中采用的计价模式，是国家通过颁布统一的估价指标、概算定额、预算定额和相应的费用定额，对建筑产品价格进行有计划管理的一种方式。在计价中以定额为依据，按定额规定的分部分项子目，逐项计算工程量，套用定额单价(或单位估价表)确定直接费，然后按规定取费标准确定构成工程价格的其他费用和利税，获得建筑安装工程造价。建设工程概预算书就是根据不同设计阶段设计图纸和国家规定的定额、指标及各项费用取费标准等资料，预先计算的新建、扩建、改建工程的投资额的技术经济文件。由建设工程概预算书所确定的每一个建设项目、单项工程或单位工程的建设费用，实质上就是相应工程的计划价格。

长期以来，我国发承包计价以工程概预算定额为主要依据。因为工程概预算定额是我国几十年计价实践的总结，具有一定的科学性和实践性，所以用这种方法计算和确定工程造价过程简单、快速、比较准确，也有利于工程造价管理部门的管理。但预算定额是按照计划经济的要求制定、发布、贯彻执行的，定额中人工、材料、机械台班消耗量是根据社会平均水平综合测定的，费用标准是根据不同地区平均测算的，因此企业采用这种模式报价时就会表现为平均主义，企业不能结合项目具体情况、自身技术优势、管理水平和材料采购渠道、价格进行自主报价，不能充分调动企业加强管理的积极性，也不能充分体现公平竞争的基本原则。

3.2.2　工程量清单计价模式

工程量清单计价模式，是建设工程招投标中，按照国家统一的工程量清单计价规范，招标人或其委托的有资质的咨询机构编制反映工程实体消耗和措施消耗的工程量清单，并作为招标文件的一部分提供给投标人，由投标人依据工程量清单，根据各种渠道所获得的工程造价信息和经验数据，结合企业定额自主报价的计价方式。

目前，我国建设行政主管部门发布的工程预算定额消耗量和有关费用及相应价格是按照社会平均水平编制的，以此为依据形成的工程造价基本上属于社会平均价格。这种平均价格可作为市场竞争的参考价格，但不能充分反映参与竞争企业的实际消耗和技术管理水平，在一定程度上限制了企业的公平竞争。采用工程量清单计价，能够反映出承建企业的工程个别成本，有利于企业自主报价和公平竞争。同时，实行工程量清单计价，工程量清单作为招标文件和合同文件的重要组成部分，对于规范招标人计价行为，在技术上避免招标弄虚作假和暗箱操作及保证工程款的支付结算都会起到重要作用。

目前我国建设工程造价实行"双轨制"计价管理办法,即定额计价和工程量清单计价方法同时实行。工程量清单计价作为一种市场价格的形成机制,主要在工程招投标和结算阶段使用。

3.2.3 定额计价模式与工程量清单计价模式的区别与联系

3.2.3.1 定额计价模式与工程量清单计价模式的区别

(1)依据的定额不同。定额计价按照政府主管部门颁发的预算定额计算各项消耗量;工程量清单计价按照企业定额计算各项消耗量,也可以选择其他合适的定额(包括预算定额)计算各项消耗量。

(2)采用的单价不同。定额计价的人工单价、材料单价、机械台班单价采用预算定额基价或政府指导价;工程量清单计价的人工单价、材料单价、机械台班单价采用市场价,由投标人自主确定。

(3)费用项目不同。定额计价的费用计算,根据政府主管部门颁发的费用计算程序规定的项目和费率计算;工程量清单计价的费用计算按照工程量清单计价规范的规定,并结合拟建项目和本企业的具体情况由企业自主确定实际的费用项目和费率。

(4)费用构成不同。定额计价方式的工程造价费用构成一般由直接费(包括直接工程费和措施费)、间接费(包括规费和企业管理费)、利润和税金(包括营业税、城市维护建设税和教育费附加)构成;工程量清单计价的工程造价费用由分部分项工程费、措施项目费、其他项目费、规费和税金构成。

(5)采用的计价方法不同。定额计价常采用单位估价法和实物金额法计算直接费,然后计算间接费、利润和税金;工程量清单计价则采用综合单价的方法计算分部分项工程费,然后计算措施项目费、其他项目费、规费和税金。

(6)本质特性不同。定额计价模式确定的工程造价具有计划价格的特性,工程量清单计价模式确定的工程造价具有市场价格的特性,两者有着本质上的区别。

3.2.3.2 定额计价模式与工程量清单计价模式的联系

从发展过程来看,可以把工程量清单计价模式看成是在定额计价模式的基础上发展起来的、适应市场经济条件的、新的计价模式,这两种计价模式之间具有传承性。

(1)两种计价模式的目标相同。

不管是何种计价模式,其目标都是正确确定建设工程造价。

(2)两种计价模式的编制程序主线基本相同。

工程量清单计价模式和定额计价模式都要经过识图、计算工程量、套用定额、计算费用、汇总工程造价等主要程序来确定工程造价。

(3)两种计价模式的重点都是要准确计算工程量。

工程量计算是两种计价模式的共同重点。该项工作涉及的知识面较宽,计算的依据较多,花费的时间较长,技术含量较高。

两种计价模式计算工程量的不同点主要是项目划分的内容不同、采用的计算规则不同。工程量清单计价的工程量根据计价规范的附录进行列项和计算,定额计价的工程量根据预算定额来列项和计算。应该指出,在工程量清单计价模式下,也会产生上述两种不同的工程量计算,即清单工程量按照计价规范计算,计价工程量按照采用的定额计算。

（4）两种计价模式发生的费用基本相同。

不管是工程量清单计价或者是定额计价模式，都必然要计算直接费、间接费、利润和税金。其不同点是，两种计价模式的费用划分方法、计算基数、采用的费率不一致。

（5）两种计价模式的计费方法基本相同。

计费方法是指应该计算哪些费用、计费基数是什么、计费费率是多少等。在工程量清单计价模式和定额计价模式中都有如何取费、取费基数、取费费率的规定，不同的是各项费用的取费基数及费率有所差别。

4　影响工程造价的因素

影响工程造价或建设项目投资的因素很多，主要因素有政策法规性因素、地区性与市场性因素、设计因素、施工因素和编制人员素质因素等五个方面。

4.1　政策法规性因素

国家和地方政府主管部门对于基本建设项目的报批、审查，基本建设程序，项目投资费用的构成、计取，从土地的购置直到工程建设完成后的竣工验收、交付使用和竣工决算等各项建设工作的开展，都有严格而明确的规定，具有强制的政策法规性。基本建设和建筑产品价格既要受到国家宏观经济和地方与行业经济发展的制约，受到国家产业政策、产业结构、投资方向、金融政策和技术经济政策的宏观控制，又要受到市场需求关系、市场设备、原材料等生产资料价格波动因素的冲击，受到社会和市场环境的制约。

工程造价的编制必须严格遵循国家和地方主管部门的有关政策、法规和制度，按规定的程序进行。确定的工程价格费用项目、概预算定额单价和人工、材料、机械台班消耗量，工程量计算规则、取费定额标准等，都应符合有关文件的规定，凡规定的审批程序，不能擅自更改变动，并且只能在规定范围内调整。如对市场购置的材料价差，一般应根据当地工程造价管理等政府主管部门的有关规定和所提供的价格信息范围，按规定进行价差调整。工程造价的编制和实施，还必须严格遵守报批、审核制度。对审批过的设计总概算的限额，未经过审批程序不能突破。

总之，工程造价的编制和实施，必须严格按照有关政策法规和制度执行。

4.2　地区性与市场性因素

建筑产品存在于不同的地域空间，其产品价格必然受到所在地区时间、空间、自然条件和社会与市场软硬件环境的影响。建筑产品的价值是人工、材料、机具、资金和技术投入的结果。不同的区域和市场条件，对上述投入条件和工程造价的形成都会带来直接的影响，如当地的技术协作、物资供应、交通运输、市场价格和现场施工等建设条件，以及当地的定额水平，都将会反映到概预算价格之中。此外，由于地物、地貌与水文地质条件的不同，也会给工程造价带来较大的影响，即使是同一设计图纸的建筑物或构筑物，也至少会在现场条件处理和基础工程费用上产生较大幅度的差异。

4.3　设计因素

设计图纸是编制概预算的基本依据之一，也是在建设项目决策之后的实施全过程中影响建设投资的最关键性因素，且影响的投资差额巨大。特别是初步设计阶段，如对地理位置、占地面积、建设标准、建设规模、工艺设备水平，以及建筑结构选型和装饰标准等的确定,设计是否经济合理,对概预算造价都会带来很大的影响。一项优秀的设计可以节约大量投资。

4.4　施工因素

就我国目前所采取的工程造价编制方法而言,在节约投资方面施工因素虽然没有设计因素的影响那样突出,但是施工组织设计(或施工方案)和施工技术措施等,也同施工图一样,是编制工程造价的重要依据之一。它不仅对工程造价的编制有较大的影响,而且通过加强施工阶段的工程造价管理(或投资控制),可保证建设项目预定目标的实现等,因此它有着重要的现实意义。因此,做好工程建设的总体部署,加强科学的施工、生产管理,采用先进的施工技术,合理运用新的施工工艺,采用新技术、新材料,合理布置施工现场,减少运输总量等,对节约投资有着显著的作用。

4.5　编制人员素质因素

工程造价的编制和管理,是一项十分复杂而细致的工作。对工作人员的要求是:有强烈的责任感,始终把节约投资、不断提高经济效益放在首位;政策观念强,知识面宽,不但应具有建筑经济学、投资经济学、价格学、市场学等理论知识,而且要有较全面的专业理论与业务知识,如工程识图、建筑构造、建筑结构、建筑施工、建筑设备、建筑材料、建筑技术经济等理论知识以及相应的实际经验;必须充分熟悉有关概预算编制的政策、法规、定额标准和与其相关的动态信息等。只有如此,才能准确无误地编制好工程概预算,防止"错、漏、冒"等问题的出现。

复习思考题

1. 什么是基本建设? 基本建设是如何分类的?

2. 建设项目是如何划分的? 基本建设程序有哪些?

3. 建筑装饰工程造价是如何分类的?

4. 基本建设程序与工程造价的关系如何?

5. 工程造价有哪些特点? 工程计价有哪些特点?

6. 工程计价的模式有哪些?

7. 影响工程造价的因素有哪些?

学习项目 2 建筑装饰工程定额

【教学要求】

本项目主要介绍了工程建设定额的概念、作用、特点;工程建设定额的分类;工程建设定额消耗量指标的确定。着重介绍了预算定额,劳动消耗量、材料消耗量和机械台班消耗量的确定方法。通过学习训练,学生应学会使用建设工程定额,并能够简单地确定人、材、机的消耗数量。

任务 2.1 定额概述

1 工程建设定额的概念、产生与发展

1.1 定额概念

定额就是一种规定的额度,或称数量标准。定额是指在正常的施工生产条件下,用科学方法制定出的完成某一单位合格建筑产品所必须消耗的人工、材料、施工机械台班及其资金消耗的数量标准。定额是企业科学管理的产物,它反映了在一定社会生产力水平下的产品生产和生产消费之间的数量关系,与一定时期内的工人操作水平,机械化程度,新材料、新技术的应用,企业经营管理水平等有关,它随着生产力的发展而变化,但在一定时期内相对稳定。

表 2-1 是某省 2013 年建设工程消耗量定额中水泥砂浆楼地面找平层(厚 20 mm)的定额子目。

表 2-1 水泥砂浆楼地面找平层(厚 20 mm)的定额子目

定额编号			定 −1		
计量单位			100 m²		
项目		单位	单价(元)	1:3水泥砂浆楼地面	
基价		元		1 343.39	
其中	人工费	元		635.36	
	材料费	元		670.49	
	机械费	元		37.54	
人工	基本工	工日		5.23	
	其他工	工日		2.57	
	合计	工日		7.80	
材料	1:3水泥砂浆	m³		2.02	
	水	m³		0.6	
机械	200 L砂浆搅拌机	台班		0.34	

1.2 定额的产生和发展

定额产生于 19 世纪末资本主义企业管理科学的发展初期,其产生的原因是高速度的工业发展与低水平的劳动生产率之间的矛盾。

中华人民共和国成立后,第一个五年计划时期(1953～1957 年),我国开始兴起了大规模经济建设的高潮。国家颁布的典型文件有《1954 年建筑工程设计预算定额》《民用建筑设计和预算编制暂行办法》《工业与民用建设预算编制暂行细则》《建筑工程预算定额》(其中规定按成本的 2.5% 作为法定利润)。1955 年,由劳动部和建筑工程部联合编制的建筑业全国统一的劳动定额,共有定额项目 4 964 个。到 1956 年增加到 8 998 个。1966年"文化大革命"开始后,概预算定额管理遭到严重破坏,概预算定额管理机构被撤销,预算人员改行,大量基础资料被销毁,定额被说成是"管、卡、压"的工具,"设计无概算,施工无预算,竣工无结算"的状况成为普遍现象。1967 年,建筑工程部直属企业实行经费制度。工程完工后向建设单位实报实销,从而使施工企业变成了行政事业单位。这一制度实行了 6 年,于 1973 年 1 月 1 日被迫停止,恢复建设单位与施工单位施工图预算、结算制度。1977 年,国家恢复重建造价管理机构。1978 年,国家计委、国家建委和财政部颁发《关于加强基本建设概、预、决算管理工作的几项规定》,强调了加强"三算"在基本建设管理中的作用和意义。1988 年,建设部成立标准定额司,各省市、各部委建立了定额管理站,全国颁布一系列推动概预算管理和定额管理发展的文件,以及大量的预算定额、概算定额、估算指标。1995 年,建设部颁发了《全国统一建筑工程基础定额》,该基础定额是以保证工程质量为前提,完成按规定计量单位计量的分项工程的基本消耗量标准。在该基础定额中,按照"量、价分离,工程实体性消耗和措施性消耗分离"的原则来确定定额的表现形式。

2 工程建设定额的分类

定额的分类方法很多,主要有以下几种。

2.1 按物质消耗的性质(生产要素)分类

定额按物质消耗的性质(生产要素)可分为人工消耗定额、材料消耗定额和机械台班消耗定额。

(1)人工消耗定额(劳动定额)。人工消耗定额表示在正常施工技术条件下,完成规定计量单位合格产品所必须消耗的活劳动数量标准。

(2)材料消耗定额。材料消耗定额表示在正常施工技术条件下,完成规定计量单位合格产品所必须消耗的材料数量标准。

(3)机械台班消耗定额。机械台班消耗定额表示在正常施工技术条件下,完成规定计量单位合格产品所必须消耗的施工机械台班数量标准。

2.2 按编制单位和适用范围分类

定额按编制单位和适用范围可分为全国统一定额、地区统一定额、行业统一定额、企业定额和补充定额。

2.2.1 全国统一定额

全国统一定额是根据全国范围内社会平均劳动生产率的标准而制定的,在全国都具有参考价值。如全国统一建筑工程基础定额、全国统一建筑安装工程劳动定额、全国统一安装工程预算定额等。

2.2.2　地区统一定额

我国幅员辽阔,人口众多,各地区的劳动生产率发展极不平衡。对于具体的地区而言,全国统一定额的针对性不强。因此,各地区在全国统一定额的基础上,制定了地区统一定额。地区统一定额的特点是在全国统一定额的基础上结合本地区的实际劳动生产率情况而制定的,在本地区的针对性很强,但只能在本地区内使用。

2.2.3　行业统一定额

行业统一定额是针对某些特殊行业,在其行业内部制定的针对本行业实行的定额。目前,煤炭、冶金、能源、化工、石油、邮电、铁道、电力、水利和交通等部门都有自己的行业定额。行业统一定额适用范围是本行业内。

2.2.4　企业定额

企业定额(施工定额)是一种由建筑安装企业内部编制、在本企业内部执行的定额。全国统一定额、地区统一定额、行业统一定额都反映的是一定范围内的社会劳动生产率的标准(群体标准),是公开的信息;而企业定额反映的是企业内部劳动生产率的标准(个体标准),属于商业秘密。企业定额在我国目前还处于萌芽状态,但在不久的将来,它将成为市场经济的主流。

2.2.5　补充定额

定额在一段时间内不轻易更改,但社会在不断发展变化,一些新技术、新工艺和新方法也在不断涌现,为了新技术、新工艺和新方法的出现就再版定额是不现实的,那么这些新技术、新工艺和新方法又如何计价呢?这就需要做补充定额,以文件或小册子的形式发布,补充定额具有与正式定额同样的效力。

2.3　按定额的编制程序和用途分类

定额按编制程序和用途可分为施工定额、预算定额、概算定额和概算指标及投资估算指标。

2.3.1　施工定额

施工定额表示在正常施工技术条件下,以建筑工程的施工过程或工序为对象,完成规定计量单位合格产品所必须消耗的人工、材料和机械台班的数量标准。它由人工消耗定额、材料消耗定额和机械台班消耗定额三个相对独立的定额组成。施工定额是为施工生产服务的定额,是工程建设定额中分项最细、定额子目最多的一种定额,是工程建设定额中的基础性定额。施工定额中只有生产产品的消耗量标准而没有价格标准,反映的劳动生产率为社会平均先进水平。

施工定额只在企业内部使用,主要用于编制施工预算和工程量清单报价,也是施工阶段签发施工任务书和限额领料单的重要依据。

2.3.2　预算定额

预算定额表示在正常施工技术条件下,以建筑工程的分项工程为对象,完成规定计量单位合格产品所必须消耗的人工、材料和机械台班的数量与资金标准。与施工定额不同的是,预算定额不仅有人工、材料、机械的消耗量标准,而且有价格标准。

预算定额是在施工图设计阶段及招投标阶段,控制工程造价、编制招标标底和投标标价的重要依据。

2.3.3　概算定额

概算定额表示在正常施工技术条件下,以建筑工程的综合扩大分项工程为对象,完成规定计量单位合格产品所必须消耗的人工、材料和机械台班的数量与资金标准。与预算定额相似的是,概算定额也是既有消耗量标准,又有价格标准,但概算定额较为概括。

概算定额是在初步设计阶段编制设计概算的主要依据。

2.3.4　概算指标

概算指标表示在正常施工技术条件下,以单项或单位建筑工程为对象,完成规定计量单位合格产品所必须消耗的人工、材料和机械台班的数量与资金标准。

概算指标是在初步设计阶段编制设计概算的主要依据,其主要作用是优化设计方案和控制建设投资。

2.3.5　投资估算指标

投资估算指标表示在正常施工技术条件下,以建设项目或单项、单位建筑工程为对象,完成规定计量单位合格产品所必须消耗的资金标准。

在建设项目决策阶段,投资估算指标是编制投资估算,进行投资预测、投资控制、投资效益分析的重要依据。

2.4　按专业性质分类

按专业性质不同,定额可以分为建筑工程消耗量定额、装饰工程消耗量定额、安装工程消耗量定额、市政工程消耗量定额、园林绿化工程消耗量定额、矿山工程消耗量定额。

2.4.1　建筑工程消耗量定额

建筑工程是指房屋建筑的土建工程。

建筑工程消耗量定额是指各地区(或企业)编制确定的完成每一建筑分项工程(每一土建分项工程)所需人工、材料和机械台班消耗量标准的定额。它是业主或建筑施工企业(承包商)计算建筑工程造价的主要参考依据。

2.4.2　装饰工程消耗量定额

装饰工程是指房屋建筑室内外的装饰装修工程。

装饰工程消耗量定额是指各地区(或企业)编制确定的完成每一装饰分项工程所需人工、材料和机械台班消耗量标准的定额。它是业主或装饰施工企业(承包商)计算装饰工程造价的主要参考依据。

2.4.3　安装工程消耗量定额

安装工程是指房屋建筑室内外各种管线、设备的安装工程。

安装工程消耗量定额是指各地区(或企业)编制确定的完成每一安装分项工程所需人工、材料和机械台班消耗量标准的定额。它是业主或安装施工企业(承包商)计算安装工程造价的主要参考依据。

2.4.4　市政工程消耗量定额

市政工程是指城市道路、桥梁等公共设施的建设工程。

市政工程消耗量定额是指各地区(或企业)编制确定的完成每一市政分项工程所需

人工、材料和机械台班消耗量标准的定额。它是业主或市政施工企业（承包商）计算市政工程造价的主要参考依据。

2.4.5 园林绿化工程消耗量定额

园林绿化工程是指城市园林、房屋环境等的绿化统称。

园林绿化工程消耗量定额是指各地区（或企业）编制确定的完成每一园林绿化分项工程所需人工、材料和机械台班消耗量标准的定额。它是业主或园林绿化施工企业（承包商）计算园林绿化工程造价的主要参考依据。

2.4.6 矿山工程消耗量定额

矿山工程是指自然矿产资源的开采、矿物分选、加工的建设工程。

矿山工程消耗量定额是指各地区（或企业）编制确定的完成每一矿山分项工程所需人工、材料和机械台班消耗量标准的定额。它是业主或矿山施工企业（承包商）计算矿山工程造价的主要参考依据。

2.5 按定额的作用分类

定额按其作用不同可分为生产性定额（如施工定额）和计价性定额（如预算定额）。

3 工程建设定额的作用

工程建设定额作为生产经营领域定额的重要类型之一，除了具备一般定额的功能，还具有以下特定的作用。

3.1 定额是计划管理的重要基础

施工企业在计划管理中，为了组织和管理施工生产活动，必须编制各种计划，而计划的编制又依据各种定额和指标来计算人力、物力、财力等需用量。因此，定额是计划管理的重要基础。

3.2 定额是提高劳动生产率的重要手段

施工企业要提高劳动生产率，除加强政治思想工作，提高群众积极性外，还要贯彻执行现行定额，把企业提高劳动生产率的任务具体落实到每个工人身上，促使他们采用新技术和新工艺，改进操作方法，改善劳动组织，减小劳动强度，使用更少的劳动量，创造更多的产品，从而提高劳动生产率。

3.3 定额是衡量设计方案的尺度和确定工程造价的依据

同一工程项目的投资多少，是使用定额和指标对不同设计方案进行技术经济分析与比较之后确定的。因此，定额是衡量设计方案经济合理性的尺度。

3.4 定额是科学组织和管理施工的有效工具

建筑安装是多工种、多部门组成一个有机整体而进行的施工活动，在安排各部门各工种的活动计划中，要计算平衡资源需用量，组织材料供应。要确定编制定员，合理配备劳动组织，调配劳动力，签发工程任务单和限额领料单，组织劳动竞赛，考核工料消耗，计算和分配工人劳动报酬等都要以定额为依据。因此，定额是科学组织和管理施工的有效工具。

3.5 定额是企业实行经济核算制的重要基础

企业为了分析比较施工过程中的各种消耗，必须用各种定额为核算依据。因此，工人完成定额的情况,是实行经济核算制的主要内容。以定额为标准,来分析比较企业各种成本,并通过经济活动分析,肯定成绩,找出薄弱环节,提出改进措施,不断降低单位工程成本,提高经济效益。所以,定额是实行经济核算制的重要基础。

4　工程建设定额的特点

4.1　科学性

工程建设定额中的各类定额都是与现实的生产力发展水平相适应的,通过在实际建设中测定、分析、综合和广泛收集相关信息和资料,结合定额理论的研究分析,运用科学方法制定的。因此,工程建设定额的科学性包括两层含义:一是指工程建设定额反映了工程建设中生产消耗的客观规律;二是指工程建设定额管理在理论、方法和手段上有其科学理论基础与科学技术方法。

4.2　权威性

工程建设定额具有很大的权威性,这种权威性在一些情况下具有经济法规性质。权威性反映统一的意志和统一的要求,也反映信誉和信赖程度及定额的严肃性。

工程建设定额权威性的客观基础是定额的科学性。只有科学的定额才具有权威性。但是在社会主义市场经济条件下,它必然涉及各有关方面的经济关系和利益关系。赋予工程建设定额一定的权威性,就意味着在规定的范围内,对于定额的使用者和执行者来说,不论主观上愿意不愿意,都必须按定额的规定执行。在当前市场运行不很规范的情况下,赋予工程建设定额以权威性是十分重要的。但是在将竞争机制引入工程建设的情况下,定额的水平必然会受市场供求状况的影响,从而在执行中可能产生定额水平的浮动。

应该指出的是,在社会主义市场经济条件下,对定额的权威性也不应该绝对化。定额毕竟是主观对客观的反映,定额的科学性会受到人们认识的局限。与此相关,定额的权威性也就会受到现实的挑战。更为重要的是,随着投资体制的改革、投资主体多元化格局的形成、企业经营机制的转换,它们都可以根据市场的变化和自身的情况,自主地调整自己的决策行为。因此,一些与经营决策有关的工程建设定额的权威性特征就弱化了。

4.3　统一性

工程建设定额的统一性,主要是由国家对经济发展的宏观调控职能决定的。只有确定了一定范围内的统一定额,才能实现工程建设的统一规划、组织、调节、控制,从而使国民经济可以按照既定的目标发展。

从定额的制定、颁布和贯彻使用来看,定额有统一的程序、统一的原则、统一的要求和统一的用途。

4.4　系统性

一种专业定额有一个完整独立的体系,能全面地反映建筑工程所有的工程内容和项目,与建筑工程技术标准、技术规范相配套。定额各项目之间都存在着有机的联系,相互协调,相互补充。

4.5　相对稳定性和时效性

工程建设定额是一定时期技术发展和管理水平的反映,因而在一段时间内都表现出稳定的状态。保持定额的稳定性是有效贯彻定额所必需的保证。

但是,工程建设定额的稳定性是相对的。当定额不能适应生产力发展水平、不能客观反映建设生产的社会平均水平时,定额原有的作用就会逐步减弱乃至出现消极作用,需要重新编制或修订。

任务 2.2　定额消耗量指标的确定

1　人工定额消耗量的确定

1.1　人工定额的概念

人工消耗定额又称劳动定额,它是在正常的施工技术组织条件下,完成单位合格产品所必须消耗的劳动量的标准。这个标准是国家和企业对工人在单位时间内完成产品的数量和质量的综合要求。

1.2　人工定额的表现形式

人工消耗定额的表现形式分为时间定额和产量定额两种,这两种表现形式互为倒数关系。

1.2.1　时间定额

时间定额也称工时定额,是指参加施工的工人在正常生产技术组织条件下,采用科学合理的施工方法,生产单位合格产品所必须消耗时间的数量标准。时间数量标准中包括准备时间、作业时间和结束时间(也包括个人生理需要时间)。1名工人正常工作8小时为1工日。时间定额的表现形式为

$$时间定额 = \frac{1}{每工日产量}$$

或

$$时间定额 = \frac{班组成员工日数总和}{班组每工日总产量}$$

时间定额的常用单位有工日/m³、工日/m²、工日/m、工日/t 等。

1.2.2　产量定额

产量定额是指参加施工的工人在正常生产技术组织条件下,采用科学、合理的施工方法,在单位时间内生产合格产品的数量标准。产量定额的表现形式为

$$产量定额 = \frac{1}{单位产品时间定额}$$

或

$$产量定额 = \frac{产品数量}{消耗总工日数}$$

产量定额的常用单位是 m³/工日、m²/工日、m/工日、t/工日等。

1.3　人工定额的编制方法

人工消耗定额的编制方法一般有经验估计法、统计分析法、技术测定法(工时测定法)和比较类推法等。

1.3.1 经验估计法

经验估计法的优点是简便易行,工作量小,缺点是精确度差,一般适用于测定产品批量小、精确度要求不高的定额数据的。

1.3.2 统计分析法

统计分析法是指根据已有的生产工序或相似产品工序的工时消耗统计资料,经过整理加工得到新产品工序定额数据的方法。

统计分析法的优点是简便易行,数据准确可靠,缺点是与当前的实际情况仍有差距,只适用于测定产品稳定、统计资料完整的施工工序定额数据。

1.3.3 技术测定法

技术测定法是指采用现场秒表实地观测记录,并对记录进行整理、分析、研究,确定产品或工序定额数据的方法。技术测定法是编制劳动定额时采用的主要方法。

1.3.4 比较类推法

比较类推法是指首先选择有代表性的典型项目,用技术测定法编制出时间消耗定额,然后根据测定的时间消耗定额用比较类推的方法编制出其他相同类型或相似类型项目时间消耗定额的一种方法。

比较类推法的优点是简便易行,具有一定的准确性,缺点是使用面窄,使用范围受到限制,只适用于测定同类产品规格较多、批量较少的产品或工序定额数据。

1.4 人工消耗量的编制

人工消耗量不分工种、不分技术等级,采用"综合工日"来表示用工量。人工综合工日消耗量由基本用工量、辅助用工量、超运距用工量及人工幅度差用工量组成。

1.4.1 基本用工量

基本用工量是指组成分项工程或结构构件中的各基本施工工序的用工量,按《全国建筑安装工程统一劳动定额》或《全国统一建筑装饰工程消耗量定额》中的相应时间定额计算的用工量。

1.4.2 辅助用工量

辅助用工量是指对定额中某些消耗材料进行辅助加工等辅助工序的用工量,如现场筛砂、淋石灰膏等工序的用工量。

1.4.3 超运距用工量

超运距用工量是指消耗量定额中规定的材料运距与《全国建筑安装工程统一劳动定额》或《全国建筑装饰工程统一劳动定额》中规定的材料运距之间出现运距差值时的运输用工量。

1.4.4 人工幅度差用工量

人工幅度差用工量是指受现场各种因素影响而必须消耗的,但又无法使用劳动定额计算的用工量,一般采用系数法进行补贴计算,如工序交接、技术交底、安全教育、女工哺乳等难以预料的用工量。其计算公式为

人工幅度差用工量 =(基本用工量 + 辅助用工量 + 超运距用工量)× 人工幅度差系数

人工幅度差系数一般取 10% ~ 15% 。

综上所述,可得分项定额综合工日数量计算公式为

分项定额综合工日数量 = 基本用工量 + 辅助用工量 + 超运距用工量 + 人工幅度差用工量

【**例 2-1**】 在预算定额人工消耗量计算时,已知完成单位合格产品的基本用工量为 22 工日,辅助用工量为 2 工日,超运距用工量为 4 工日,人工幅度差系数为 12,则预算定额的人工消耗量为多少?

解 人工消耗量为

$$(22 + 2 + 4) \times (12\% + 1) = 31.36 \ (\text{工日})$$

2 材料定额消耗量的确定

2.1 概念

材料消耗定额是指在一定生产技术组织条件下,在合理使用材料的原则下,生产单位合格产品所必须消耗的建筑材料(原材料、半成品、制品、预制品、燃料等)的数量标准。在一般的工业与民用建筑中,材料费常占整个工程造价的 60% ~ 70%,因此能否降低成本在很大程度上取决于建筑材料的使用是否合理。

2.2 材料消耗定额的表现形式

根据材料消耗的情况,可将建筑材料分为实体性消耗材料和周转性消耗材料。

2.2.1 实体性消耗材料

实体性消耗材料是指在建筑工程施工中,一次性消耗并直接构成工程实体的材料,如水泥、墙地砖、涂料等。

实体性消耗材料包括直接用于工程上的材料、不可避免产生的施工废料和不可避免的材料施工操作损耗。其中,直接用于工程上的材料称为材料净用量,不可避免产生的施工废料和不可避免的材料施工操作损耗称为材料损耗量。计算公式为

$$材料消耗量 = 材料净用量 + 材料损耗量$$

$$材料损耗率 = \frac{材料损耗量}{材料净用量} \times 100\%$$

$$材料消耗量 = 材料净用量 \times (1 + 材料损耗率)$$

工程材料、成品、半成品损耗率参考表见表 2-2。

表 2-2 工程材料、成品、半成品损耗率参考表

材料名称	工程项目	损耗率(%)	材料名称	工程项目	损耗率(%)
标准砖	基础	0.4	陶瓷锦砖		1
标准砖	实砖墙	1	铺地砖(缸砖)		0.8
标准砖	方砖柱	3	砂	混凝土工程	1.5
白瓷砖		1.5	砾石		2
生石灰		1	混凝土(现浇)	地面	1
水泥		1	混凝土(现浇)	其余部分	1.5
砌筑砂浆	砖砌体	1	混凝土(预制)	桩基础、梁、柱	1
混合砂浆	抹墙及墙裙	2	混凝土(预制)	其余部分	1.5

续表 2-2

材料名称	工程项目	损耗率(%)	材料名称	工程项目	损耗率(%)
混合砂浆	抹顶棚	3	钢筋	现浇、预制混凝土	4
石灰砂浆	抹顶棚	1.5	铁件	成品	1
石灰砂浆	抹墙及墙裙	1	钢材		6
水泥砂浆	抹顶棚	2.5	木材	门窗	6
水泥砂浆	抹墙及墙裙	2	玻璃	安装	3
水泥砂浆	地面、屋面	1	沥青	操作	1

2.2.2 周转性消耗材料

周转性消耗材料也称非实体性材料,指不能直接构成工程的实体,但是完成建筑工程合格产品所必需的工具性材料。如在工程中常用的模板、脚手架等。这些材料在施工中随着使用次数的增加而逐渐被耗用完,故称为周转性消耗材料。周转性消耗材料在定额中按照多次使用、分次摊销的方法计算。

周转性消耗材料消耗定额一般考虑下列四个因素:

(1)一次使用量。指周转性材料一次使用的投入量。

(2)损耗率。也称补损率,是指周转性材料使用一次后为了修补难以避免的损耗所需要的材料量占一次使用量的百分数,它随着周转次数的增多而加大,一般用平均损耗率表示。

(3)周转次数。指周转材料可以重复使用的次数,可用统计法或观测法确定。

(4)摊销量。指周转性材料每使用一次应分摊在单位产品上的消耗数量,即定额规定的平均一次消耗量。

2.3 材料消耗定额的编制方法

材料消耗定额的编制方法有观察法、试验法、统计法和理论计算法。

2.3.1 观察法

观察法是指在施工现场按一定程序,在合理使用材料的条件下,对施工中实际完成的建筑产品数量与所消耗的各种材料数量,进行现场观察测定的方法。

观测对象的选择是观察法的首要任务,要选择具有代表性的典型工程项目。其施工技术、组织和产品质量都要符合技术规范的要求。材料的品种、规格型号、质量等也应符合设计要求。生产出来的产品检验要合格。所有这些均是观察法所必备的前提条件,并以选择平均先进水平为原则。

观察法通常用于确定材料的损耗量。通过现场观察,获得必要的现场资料,测定出哪些损耗是施工中不可避免的材料损耗,应该计入定额内;哪些损耗在施工中是可以避免的材料损耗,不应计入定额内。通过分析、整理,最后得出合理的材料损耗量,制定材料消耗定额。

2.3.2 试验法

试验法是指专业材料实验人员在实验室里,通过专门的仪器和设备,确定材料消耗定额的一种方法。它适用于在实验室条件下,测定混凝土、沥青、砂浆、油漆涂料等材料的消耗定额。有些材料,是不适合在实验室里进行消耗定额的确定的。

由于实验室工作条件与施工现场的施工条件存在着一定的差别,施工中的某些因素对材料消耗量的影响,不一定能充分考虑到,因此在最终确定材料耗用量时要进行具体分析,用观察法进行校核修正。

2.3.3 统计法

统计法是指在施工现场中,对分部分项工程拨出的材料数量、完成建筑产品的数量、竣工后剩余材料的数量等统计资料,进行整理、分析和计算而制定材料消耗定额的方法。这种方法主要是根据施工工地的工程任务单、限额领料单等有关记录取得所需的资料,因此难以区分在施工过程中哪些是合理的损耗,哪些是不合理的损耗,这样得出的材料消耗量准确性也就不高。同时,原始的统计资料数据反映的是过去的劳动生产率水平,与现在劳动生产率发展水平有一定的差距。统计法确定的材料消耗定额不具备平均先进水平,所以要用其他几种方法进行校核修正。

2.3.4 理论计算法

理论计算法是根据设计图纸、施工规范和材料规格,运用一定的理论计算公式制定材料消耗定额的方法。

这种方法适用于按件、块计算的现成制品材料,如砖石砌体里的砖石、装饰工程中的镶贴材料等。其方法比较简单,计算出的材料用量比较准确。理论计算法一般只能计算出单位产品的材料净用量。材料的损耗量仍要在现场通过实测取得,根据国家有关部门颁布的材料、成品、半成品损耗率计算。材料的净用量和损耗量之和即为材料消耗定额。

【例 2-2】 地面贴陶瓷地砖 200 mm × 200 mm,1:3 水泥砂浆打底,素水泥浆结合层,地砖(周长 800 mm 以内)的材料损耗率为 2%,试确定每平方米地面陶瓷地砖的消耗量指标(设定净用量为 1 m²)。

解 材料消耗量指标 = 材料净用量 + 材料损耗量
$$= 材料净用量 × (1 + 材料损耗率)$$
$$= 1 × (1 + 2\%)$$
$$= 1.02 (m^2)$$

经计算,每平方米地面陶瓷地砖的消耗量指标是 1.02 m²。

3 机械台班消耗定额的确定

3.1 概念

机械台班消耗定额是指施工现场的施工机械,在一定生产技术组织条件下,均衡合理使用机械时,规定机械单位时间内完成合格产品的数量标准或机械生产单位合格产品必须消耗的台班数量标准。1 台机械正常工作 8 h 为 1 台班。

3.2 表现形式

机械台班消耗定额分为单人使用单台机械和机械配合班组作业两种消耗定额,也有时间定额和产量定额(台班产量)两种表现形式。

3.2.1 机械台班时间定额

机械台班时间定额是指在一定生产技术组织条件下,规定机械生产单位合格产品所必须消耗的台班数量标准。

机械台班时间定额的常用单位有台班/m³、台班/m²、台班/m、台班/t 等。

3.2.2 机械台班产量定额

机械台班产量定额是指在一定生产技术组织条件下,规定机械单位时间(台班)内生产合格产品的数量标准。

机械台班产量定额的常用单位有 m³/台班、m²/台班、m/台班、t/台班等。

机械台班时间定额与机械台班产量定额互为倒数关系。

3.3 机械台班定额编制方法

机械台班定额在生产实践中主要采用技术测定法进行编制。

(1)确定机械正常施工条件。

机械操作与人工操作相比,劳动生产率在更大程度上受施工条件的影响,所以需要更好地确定机械正常的施工条件。

确定机械正常的施工条件,主要是确定工作地点的合理组织和拟定合理的工人编制。

(2)确定机械纯工作 1 h 的正常生产率。

确定机械正常生产率必须先确定机械纯工作 1 h 的正常劳动生产率。因为只有先取得机械纯工作 1 h 的正常生产率,才能根据机械利用系数计算出施工机械台班定额。

(3)确定机械的正常利用系数。

机械的正常利用系数,是指机械在工作班内工作时间的利用率。

(4)计算机械台班定额。

在确定了机械正常的施工条件、机械纯工作 1 h 的正常生产率和机械的正常利用系数后,就可以确定机械台班的定额消耗指标。计算公式为

$$施工机械台班产量定额 = 机械纯工作 1 h 的正常生产率 \times$$
$$工作班延续时间 \times 机械的正常利用系数$$

3.4 机械台班消耗量的编制

施工机械台班消耗量又称机械台班使用量,计量单位是台班。机械幅度差是指全国统一劳动定额规定范围内没有包括而实际生产中必须增加的机械台班消耗量。机械幅度差系数为:土方机械25%,打桩机械33%,吊装机械30%。砂浆、混凝土搅拌机由于按小组配用,以小组产量计算机械台班产量,不另增加机械幅度差。其他分部工程中如钢筋、木材、水磨石加工等各项专用机械幅度差为10%。定额机械台班消耗量计算公式为

$$定额机械台班消耗量 = 定额机械台班消耗量 \times (1 + 机械幅度差)$$

任务 2.3　施工定额

1　施工定额的概念、特点及作用

1.1　施工定额的概念

施工定额亦称企业定额,是指工人在正常的施工条件下,为完成一定计量单位的某一施工过程或工序所需消耗的人工、材料和机械台班等的数量标准。

施工定额是直接用于施工管理的定额,是由地区主管部门或企业根据全国统一劳动定额、材料消耗定额和机械台班消耗定额结合地区或企业特点而编制的一种定额。施工定额是编制施工预算、实行企业内部经济核算的依据。

目前,大部分施工企业以国家或行业制定的预算定额作为进行施工管理、工料分析和计算成本的依据。随着市场经济的不断发展,施工企业可以预算定额和基础定额为参照建立起反映企业自身施工管理水平和技术装备程度的企业定额。

1.2　施工定额的特点

施工定额必须具备以下特点:

(1)其各项平均消耗要比社会平均水平低,体现其先进性。

(2)可以体现本企业在某些方面的技术优势。

(3)可以体现本企业局部或全面管理方面的优势。

(4)所有匹配的单价都是动态的,具有市场性。

(5)与施工方案能全面接轨。

1.3　施工定额的作用

施工定额主要有以下几方面的作用:

(1)施工定额是企业编制施工组织设计和施工作业计划的依据。

(2)施工定额是编制工程施工预算,加强企业成本管理和经济核算的依据。

(3)施工定额是施工队向工人班组签发施工任务单和限额领料单,考核工料消耗的依据。

(4)施工定额是计算工人劳动报酬的依据。

(5)施工定额有利于推广先进技术。

(6)施工定额是编制概算定额和预算定额的基础。

2　施工定额的编制

2.1　施工定额的编制原则

施工定额能否在施工管理中促进企业生产力水平的提高,主要取决于定额本身的编制质量。

衡量定额质量的主要标志有两个:一是定额水平;二是定额的内容和形式。因此,在编制施工定额的过程中应该贯彻以下原则。

2.1.1 平均先进水平原则

定额水平是指规定消耗在单位建筑安装产品上的劳动力、材料、机械台班数量的多少。单位产品的劳动消耗量与生产力水平成反比。

企业定额的水平应是平均先进水平，因为具有平均先进水平的定额能促进企业生产力水平的提高。

所谓平均先进水平，是指在正常的施工条件下多数班组或生产者经过努力才能达到的水平。一般来说，该水平应低于先进水平而高于社会平均水平。

在编制企业定额中贯彻平均先进水平原则，可从以下几个方面来考虑：

(1)确定定额水平时，要考虑已经成熟并得到推广使用的先进经验。对于那些尚不成熟或尚未推广的先进技术，暂不作为确定定额水平的依据。

(2)对于编制定额的原始资料，要加以整理分析，剔除个别的、偶然的不合理数据。

(3)要选择正常的施工条件和合理的操作方法，作为确定定额水平的依据。

(4)要从实际出发，全面考虑影响定额水平的有利因素和不利因素。

(5)要注意企业定额项目之间水平的综合平衡，避免有"肥"有"瘦"，造成定额执行中的困难。

定额水平具有一定的时间性。某一时间是平均先进水平，但在执行的过程中，经过工人努力后，大多数人都超过了定额水平。那么，这时的定额水平就不具有平均先进水平了。所以，要在适当的时候修订定额，以保持定额的平均先进水平。

2.1.2 简明适用原则

就施工定额的内容和形式而言，其要方便于定额的贯彻和执行。制定企业定额的目的就在于用于企业内部管理、具有可操作性。

定额的简明性和适用性是既有联系又有区别的两个方面，编制施工定额时应全面加以贯彻。当两者发生矛盾时，定额的简明性应服从适用性的要求。

贯彻定额简明适用原则的关键是做到定额项目设置完全，项目划分粗细适当。此外，还应正确选择材料的计量单位，适当利用系数，并辅以必要的说明。总之，贯彻简明适用原则，要努力使施工定额项目达到齐全、粗细恰当、布局合理的效果。

2.1.3 以专家为主编制定额原则

编制施工定额，要以专家为主，这是实践经验的总结。在编制施工定额时，要有一支经验丰富、技术与管理知识全面、有一定政策水平的稳定的专家队伍，同时也要注意必须走群众路线，尤其是在现场实测时和组织新定额试点时，这一点非常重要。

2.1.4 独立自主原则

企业独立自主地制定定额，主要是自主确定定额水平、自主划分定额项目、自主根据需要增加新的定额项目。但是，施工定额毕竟是一定时期企业生产力水平的反映，因此它也是对国家、部门和地区原有施工定额的继承和发展。

2.1.5 时效性原则

施工定额是一定时期内技术发展和管理水平的反映，所以在一段时期内表现出稳定的状态。这种稳定性又是相对的，它还有显著的时效性。如果施工定额不再适应市场竞争和成本监控的需要，就应该重新编制和修订；否则，就会挫伤群众的积极性，甚至产生负面效应。

2.1.6　保密原则

施工定额的指标体系及标准要严格保密。建筑市场强手林立,竞争激烈,企业现行的定额水平如果在工程项目投标中被竞争对手获取,就会使本企业陷入十分被动的境地,给企业带来不可估量的损失。所以,企业要有自我保护意识和相应的加密措施。

2.2　施工定额表

施工定额表是指表示定额各项指标完整内容的统一表格。施工定额表的内容一般包括以下要素:

(1)工作内容说明。包括工作内容、质量要求和施工说明。

(2)劳动组合。包括工人小组成员的技术等级及人数。

(3)产品类型和定额计量单位。

(4)定额消耗指标。分别编制人工、材料和机械各项资源消耗的计量单位和消耗量。

(5)定额编号。由定额编号和序号组成。如人工挖土定额的同一定额编号可按挖深不同分为几个定额序号。

(6)必要时的附注。包括定额换算及其他说明。

任务 2.4　预算定额

1　预算定额的概念及作用

1.1　预算定额的概念

预算定额是指在正常的施工条件下,完成一定计量单位合格的分项工程或结构构件所必需的人工、材料、机械台班及其资金的消耗标准。由此可见,预算定额是计价性定额。

预算定额是由国家或地方主管部门编制并颁发的,是国家允许施工单位及建设单位在完成某项工程任务中工、料、机消耗的最高标准。在有效实施阶段内,预算定额是一种法令性指标。

1.2　预算定额的作用

(1)预算定额是编制施工图预算、确定和控制建筑安装工程造价的依据。

(2)预算定额是对设计方案进行技术经济比较、技术经济分析的依据。

(3)预算定额是编制标底、投标报价的依据。

(4)预算定额是施工企业内部编制施工组织设计,确定劳动力、材料及施工机械台班使用量的依据,是企业进行经济活动分析和经济核算的依据。

(5)预算定额是编制概算定额和概算指标的基础。

2　预算定额的编制

2.1　预算定额的编制原则

为了保证预算定额的质量,并易于掌握、方便使用,在编制预算定额工作中应遵循以下原则:

（1）按社会平均水平确定预算定额水平的原则。

（2）简明适用原则。简明，即预算定额在项目划分、选定计量单位及工程量计算规则时，应在保证定额各项指标在相对准确的前提下进行综合，以使编制的定额项目少、内容全、简明扼要。适用，即预算定额应严密准确，各项指标应具有一定的适用性，以适应复杂的工程情况的不同需要。

（3）"以专为主、专群结合"原则。定额的编制具有很强的技术性、实践性和法规性。不但要有专门的机构和专业人员组织把握方针政策，经常性地积累定额资料，还要专群结合，及时了解定额在执行过程中的情况和存在的问题，以便及时将新工艺、新技术、新材料反映在定额中。

2.2 预算定额的编制依据

（1）现行的设计规范、施工及验收规范、质量评定标准和安全操作规程。

（2）现行全国统一的劳动定额、材料消耗定额、机械台班使用定额以及包括这些内容的施工定额。

（3）通用标准图集和定型设计图样及有代表性的设计图样和图集。

（4）成熟并普遍推广的新技术、新结构、新材料和先进经验资料。

（5）有关科学试验、技术测定和经验、统计分析资料。

（6）本地区现行的人工工资情况、材料预算价格和机械台班费标准。

3 预算定额的主要内容

预算定额主要包括总说明、建筑面积计算规范、分部工程说明、预算定额项目表和附录等内容。

3.1 总说明

总说明主要是介绍预算定额的作用、编制依据、编制原则、适用范围、有关规定等内容。

3.2 建筑面积计算规范

建筑面积计算规范规定了计算建筑面积的范围、计算方法，不计算建筑面积的范围等。

3.3 分部工程说明

分部工程说明（又称各章分部说明）主要是对该章定额运用、界限划分、工程量计算规则、调整换算规定等内容进行说明。

3.4 预算定额项目表

预算定额项目表是预算定额的核心，它反映了一定计量单位的结构或构件分项工程预算单价，以及人工、材料、机械台班的消耗量指标。

3.5 附录

附录一般列在预算定额手册的后面，包括砂浆、混凝土配合比表，各种材料、机械台班造价表等有关资料，供定额换算、编制施工作业计划等使用。

预算定额的组成如图 2-1 所示。

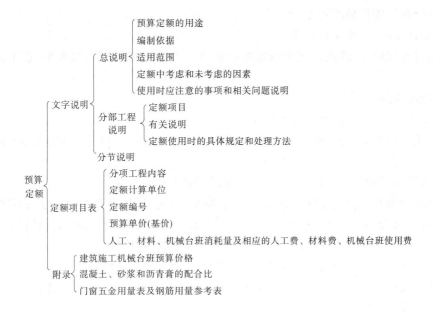

图 2-1　预算定额的组成

4　预算定额的应用

4.1　使用定额手册的基本要求

4.1.1　使用现行定额手册

不能使用已废止的定额手册,必须使用现行定额手册。

4.1.2　使用"对口"定额手册

就建筑装饰工程定额手册的使用来说,要做到以下"三对口":

(1)使用的定额与工程专业"对口",即干什么工程用什么工程定额,使用的定额手册必须与专业建设工程性质一致。如装饰工程应使用建筑装饰工程定额。

(2)使用的定额与设计阶段"对口"。原则上属于哪个设计阶段,使用哪个阶段相应的定额手册;否则,不相应时,应按定额扩大系数进行换算调整。

(3)使用的定额与执行范围、管理体制"对口"。属于哪一级性质的工程,执行相应的全国的、专业的或地区的统一定额。

4.1.3　"吃透"所用定额手册的编制情况

除有条件的参加有关新定额手册的交底学习班外,还要在使用定额手册前,事先认真学习定额手册编制说明(总说明和各章节说明),全面掌握定额手册使用方法,重点熟记常用内容。如常用定额项目的工程量计算规则、适用条件、已经考虑和未考虑的因素,是否允许换算调整、换算调整的方法等。如果对定额手册学习和理解不透彻,就会造成错套、重套或漏套定额。

定额项目繁多,规定细致,关系复杂,应用系数较多。为了掌握和正确应用定额和计算规则,最好的办法是做到有的放矢,通过实践来反复学习,反复运用,并要不怕复杂和困难,细致耐心而又精心地工作,在工作中逐步加深学习和运用,就能由生疏到熟练,进而达到正确使用和运用自如的程度。

4.1.4 坚持原则,正确执行定额

定额具有权威性,故执行定额就没有任意性。不得随意降低定额水平,更不能背离定额。

4.2 定额的使用方法

4.2.1 定额项目的排列、编号及查阅方法

定额项目根据建筑结构及施工程序编排章、节、项目、子目等顺序,即章(分部工程)—节—项目—子目。

如:楼地面工程—块料面层—大理石、水泥砂浆大理石楼梯。

定额项目编号的目的是便于查阅和使用,减少差错。各地定额的编号方法不尽相同,主要有:按"章(分部工程)—该分部中的序号"编号,如大理石楼梯的定额编号为"8 - 54";按"定额册代号 + 章(分部工程)代号 + 该分部中的序号"编号。

定额查阅是根据要查找的分项工程对应的定额编号,从定额项目表的定额编号栏内对号找到该项目,再从项目栏内找出需查的人工、材料、机械台班消耗量指标。

4.2.2 定额的使用方法

(1)认真阅读总说明和分部工程说明,了解附录的使用方法。

这是正确掌握定额的关键。因为它指出了定额编制的指导思想、原则、依据、适用范围、已经考虑和未考虑的因素,以及其他有关问题和使用方法。特别是对于客观条件的变化,在一时难以确定的情况下,往往在说明中允许据实加以换算(增减或乘以系数等),通常称为"活口",这是十分重要的,要正确掌握。

如:定额中注有"××以内"或"××以下"者均包括××本身,"××以外"或"××以上"者,则不包括××本身。

项目中砂浆、混凝土按常用规格、强度等级列出,如与设计不同,可以换算。

(2)逐步掌握定额项目表各栏的内容。

弄清定额子目的名称和步距划分,以便能正确列项。

(3)掌握分部分项工程定额包括的工作内容和计量单位。

对常用项目的工作内容应通过日常工作实践加深了解,否则会出现重复列项或漏项。

熟记定额的计量单位 m^3、m^2、m、t 或 kg 等,以便正确计算工程量,并注意定额计量单位是否扩大倍数,如 $10\ m^3$、$100\ m^3$ 等。

(4)要正确理解和熟记建筑面积及工程量计算规则。

规则就是要求遵照执行的,无论建设方、设计方还是施工方都不能各行其是。按照统一的规则计算有利于统一口径,便于工程造价审查工作的开展。

(5)掌握定额换算的各项具体规定。

通过对定额及说明、备注的阅读,了解定额中哪些允许换算,哪些不允许换算,以及怎样换算等。

4.3 定额的直接套用

当施工图纸的设计要求与所选套的相应定额项目内容和要求完全一致时,可直接套用定额。在确定分项工程人工、材料、机械台班的消耗量及价值时,绝大部分属于这种情况。直接套用定额项目的方法步骤如下：

（1）根据施工图纸设计的工程内容，从定额目录中查出该项目所在定额中的部位，选定相应的定额项目与定额编号。

（2）在套用定额前，必须注意核实分项工程的名称、规格、计量单位等与定额规定的名称、规格、计量单位是否一致。施工图纸设计的工程项目与定额规定的内容一致时，可直接套用定额。

（3）将定额编号和定额消耗量分别填在计算表内。

（4）确定工程项目的人工、材料、机械台班需用量及费用。

4.4　定额的换算

当施工图的设计要求与选套的相应定额项目内容不一致时，应在定额规定的范围内进行换算。对换算后的定额项目，应在其定额编号后注明"换"字以示区别，如"8 – 54换"。定额换算的实质就是按定额规定的换算范围、内容和方法，对定额中某些分项工程的"三量"消耗指标及费用进行调整。

定额换算的基本思路是：根据选定的预算定额基价，按规定换入增加的费用，减去扣除的费用。即

$$换算后的定额基价 = 原定额基价 + 换入的费用 - 换出的费用$$

（1）材料配合比不同的换算。

配合比材料，包括混凝土、砂浆、保温隔热材料等，由于混凝土、砂浆配合比的不同而引起相应消耗量及费用变化时，定额规定必须进行换算。

换算特点是由于砂浆、混凝土用量不变，所以人工、机械费不变，因而只换算砂浆混凝土强度等级或石子粒径。

（2）抹灰厚度不同的换算。

对于抹灰砂浆的厚度，如设计与定额取定不同，除定额有注明厚度的项目可以换算外，其他一律不做调整。

（3）乘系数的换算。

乘系数换算是指在使用某些预算定额项目时，定额的一部分或全部乘以规定的系数。例如，某地区预算定额规定，砌弧形砖墙时，定额人工费乘以 1.10 的系数；楼地面垫层用于基础垫层时，定额人工费乘以 1.20 的系数。此类换算比较多见，方法也较简单。在使用时应注意正确确定项目换算的被调整内容和计算基数，要按照定额规定的系数进行换算。

（4）其他换算。

其他换算是指不属于上述几种换算情况的定额换算。

5　预算定额基价的确定

预算定额基价，是以建筑工程预算定额规定的人工、材料和机械台班消耗量为依据，以货币形式表现的每一个定额分项工程的单位产品价格。它是以各省会城市的日工资标准、材料和施工机械台班预算价格为基准综合取定的。定额基价完全由完成该定额项目的人工费、材料费、施工机械费三部分组成。

在学习了定额消耗量的应用后,能够正确地确定定额中的消耗量指标,但是在进行报价时,工程造价的高低与否,不仅取决于人工、材料和机械台班消耗量的多少,还取决于各地区的人工单价、材料单价和机械台班单价,因此还需要对各消耗量进行价格取定。正确确定预算定额基价,是正确计算工程造价的基础。

$$定额基价 = 人工费 + 材料费 + 机械费$$
$$人工费 = \sum(定额工日数 \times 相应等级日工资标准)$$
$$材料费 = \sum(定额材料消耗量 \times 相应材料预算价格) + 其他材料费$$
$$机械费 = \sum(定额机械台班消耗量 \times 相应机械台班单价)$$

5.1 人工费的确定

人工费是根据施工中的人工工日消耗量和人工工日单价确定的。人工工日消耗量一般可按消耗量定额规定计算。

5.1.1 人工工日单价的组成

人工工日单价,是指一个建筑安装生产工人完成一个工作日的工作后应当获得的全部人工费用,它基本上反映的是建筑安装生产工人的工资水平和一个工人在一个工作日中可以得到的报酬。合理确定人工工日单价是正确计算人工费的前提和基础。

按照我国劳动法的规定,一个工作日的工作时间为 8 h,一名工人一天工作时间为 8 h,简称"1 工日"。内容包括:

(1)计时工资或计件工资。是指按计时工资标准和工作时间或对已做工作按计件单价支付给个人的劳动报酬。

(2)奖金。是指对超额劳动和增收节支支付给个人的劳动报酬。如节约奖、劳动竞赛奖等。

(3)津贴补贴。是指为了补偿职工特殊或额外的劳动消耗和因其他特殊原因支付给个人的津贴,以及为了保证职工工资水平不受物价影响支付给个人的物价补贴。如流动施工津贴、特殊地区施工津贴、高温(寒)作业临时津贴、高空津贴等。

(4)加班加点工资。是指按规定支付的在法定节假日工作的加班工资和在法定日工作时间外延时工作的加点工资。

(5)特殊情况下支付的工资。是指根据国家法律、法规和政策规定,因病、工伤、产假、计划生育假、婚丧假、事假、探亲假、定期休假、停工学习、执行国家或社会义务等原因按计时工资标准或计时工资标准的一定比例支付的工资。

5.1.2 影响人工工日单价的因素

(1)社会平均工资水平。

建筑安装工人人工工日单价必然与社会平均工资水平趋同。社会平均工资水平取决于经济发展水平。由于我国改革开放以来经济增长迅速,社会平均工资也有大幅增长,因而人工单价也有大幅提高。

(2)生活消费指数。

生活消费指数的提高会影响人工工日单价的提高,以减少生活水平的下降,或维持原来的生活水平。生活消费指数的变动取决于物价的变动,尤其取决于生活消费品物价的变动。

（3）人工工日单价的组成内容。

例如住房消费、养老保险、医疗保险、失业保险等列入人工单价，使人工工日单价提高。

（4）劳动力市场供需变化。

劳动力市场如果需求大于供给，人工工日单价就会提高；如果供给大于需求，市场竞争激烈，人工工日单价就会下降。

（5）政府推行的社会保障和福利政策。

5.2　材料费的确定

在建筑工程项目建设中，材料费占工程总造价的 60%～70%，是工程总造价的重要组成部分。因此，合理确定材料价格，正确计算材料费，有利于合理确定和有效控制工程造价。

5.2.1　材料单价（材料预算价格）的概念和组成

材料预算价格，是指材料（包括原材料、辅助材料、构配件、半成品、零件等）从其来源地运到工地仓库或施工现场存放材料地点出库后的综合平均价格。材料单价是确定定额材料费的价格资料。

按国家建设行政主管部门的统一规定，材料单价由以下费用组成：

（1）材料原价。是指材料、工程设备的出厂价格或商家供应价格。

（2）运杂费。是指材料、工程设备自来源地运至工地仓库或指定堆放地点所发生的全部费用。

（3）运输损耗费。是指材料在运输装卸过程中不可避免的损耗。

（4）采购及保管费。是指为组织采购、供应和保管材料、工程设备的过程中所需要的各项费用。包括采购费、仓储费、工地保管费、仓储损耗。

工程设备是指构成或计划构成永久工程一部分的机电设备、金属结构设备、仪器装置及其他类似的设备和装置。

【例 2-3】　根据相关文件的规定，已知某材料供应价格为 5 万元，运杂费为 0.5 万元，采购保管费率为 1.5%，运输损耗率为 2%，计算该材料的基价。

解　材料基价 ＝［供应价格 ＋ 运杂费）×（1 ＋ 运输损耗率）］×（1 ＋ 采购保管费率）

$$＝［(5 + 0.5) ×（1 + 2\%）］×（1 + 1.5\%）$$

$$＝ 5.694（万元）$$

5.2.2　影响材料价格变动的主要因素

（1）市场供需变化。材料原价是材料价格中最基本的组成，若市场供大于求，材料原价就会下降；反之，材料原价上涨，从而影响材料价格的涨落。

（2）材料生产成本的变动。材料的生产成本直接涉及材料价格的波动，若生产成本上升，材料价格上涨；反之，材料价格下降。

（3）流通和运输因素。流通环节的多少、运输方式的不同、运输距离的长短和材料供应体制等也会影响材料的价格。

（4）国际市场行情。国际市场行情会对进口材料价格产生影响。

5.3 机械台班费的确定

施工机械台班费是根据施工中耗用的机械台班数量和机械台班单价确定的。施工机械台班数量按预算定额计算;机械台班单价是指 1 台施工机械在正常运转情况下一个台班所应支付和分摊的全部费用。每台班按 8 h 工作制计算。

5.3.1 机械台班单价的组成及确定方法

施工机械台班单价由 7 项费用组成,即折旧费、大修理费、经常修理费、安拆费及场外运输费、人工费、燃料动力费、其他费用(如税费)等。折旧费、大修理费、经常修理费、安拆费及场外运输费为不变费用;人工费、燃料动力费、其他费用为可变费用。

5.3.1.1 折旧费

折旧费是指施工机械在规定的使用年限内,陆续收回其原值及购置资金的时间价值。台班折旧费即是指 1 台机械工作一个台班应该分摊的折旧费。台班折旧费的计算与机械预算价格、残值率、时间价值系数、耐用总台班等因素有关。

(1)机械预算价格。是指机械的出厂价格(或到岸完税价格)加上机械从交货地点或口岸运至使用单位机械管理部门的全部运杂费,包括国产机械预算价格和进口机械预算价格,即

国产机械预算价格 = 机械原值 + 供销部门手续费 + 一次运杂费 + 车辆购置税

其中,供销部门手续费和一次运杂费可按机械原值的5%计算。

进口机械预算价格 = 到岸价格 + 关税 + 增值税 +

消费税 + 外贸部门手续费 + 国内一次运杂费 +

财务费 + 车辆购置税

(2)残值率。是指施工机械报废时回收其残值占机械原值的百分比。一般残值率按照固定资产原值的2% ~5%确定。各类施工机械的残值率综合取定为:运输机械2%,特、大型机械3%,中、小型机械4%,掘进机械5%。

(3)时间价值系数。是指购置施工机械的资金在施工生产过程中随着时间的推移而产生的单位增值。

(4)耐用总台班。是指施工机械从开始投入使用到报废前使用的总台班数,应按施工机械的技术指标及寿命期等相关参数确定,其计算公式为

耐用总台班 = 折旧年限 × 年工作台班

= 大修间隔台班 × 大修周期

年工作台班根据有关部门对各类主要机械最近 3 年的统计资料分析确定。

大修间隔台班是指机械自投入使用起至第一次大修止或自上一次大修后投入使用起至下一次大修止应达到的使用台班数。

大修周期指机械正常的施工作业条件下,将其寿命期(耐用总台班)按规定的大修理次数划分为若干个周期。其计算公式为

大修周期 = 寿命期大修理次数 + 1

综上所述,在确定了机械预算价格、残值率、时间价值系数和耐用总台班后,可以确定

台班折旧费,即

$$台班折旧费 = \frac{机械预算价格 \times (1 - 残值率) \times 时间价值系数}{耐用总台班}$$

【例 2-4】 某施工运输机械预算价格为 100 万元,时间价值系数为 1.2,该机械大修间隔台班为 500 台班,大修周期为 10,计算该运输机械的台班折旧费。

解 耐用总台班 = 大修间隔台班 × 大修周期

$$= 500 \times 10 = 5\ 000\ (台班)$$

该机械是运输机械,残值率为 2%。

$$台班折旧费 = \frac{机械预算价格 \times (1 - 残值率) \times 时间价值系数}{耐用总台班}$$

$$= \frac{1\ 000\ 000 \times (1 - 2\%) \times 1.2}{5\ 000} = 235.2\ (元)$$

5.3.1.2 大修理费

大修理费是指施工机械按规定的大修理间隔台班进行必要的大修理,以恢复其正常功能所需的费用。台班大修理费是指一台机械工作一个台班应该分摊的大修理费。

台班大修理费取决于一次大修理费用、大修理次数和耐用总台班的数量。

$$台班大修理费 = \frac{一次大修理费 \times 寿命期大修理次数}{耐用总台班}$$

其中,一次大修理费是指按机械设备按规定的大修理范围和工作内容,进行一次全面修理所需消耗的工时、配件、辅助材料、油燃料及送修运输等全部费用。寿命期大修理次数是指施工机械在其寿命期(耐用总台班)内规定的大修理次数。

5.3.1.3 经常修理费

经常修理费是指施工机械除大修外的各级保养和临时故障排除所需的费用。它包括为保障机械正常运转所需替换设备与随机配备工具附具的摊销和维护费用、机械运转中日常保养所需润滑与擦拭的材料费用及机械停置期间的维护和保养费用等。台班经常修理费即是指一台机械工作一个台班应该分摊的经常修理费。

$$台班经常修理费 = \frac{\sum(各级保养一次费用 \times 寿命期各级保养次数) + 机械临时故障排除费用}{耐用总台班} +$$

$$替换设备摊销费 + 工具附具台班摊销费 + 例保辅料费$$

(1)各级保养一次费用,是指机械在各个使用周期内为保证机械处于完好状况,必须按规定的各级保养间隔周期、保养范围和内容进行的一、二、三级保养或定期保养所消耗的工时、配件、辅料、油燃料等费用。

(2)寿命期各级保养次数,是指一、二、三级保养或定期保养在寿命期内各个使用周期中保养次数之和。

(3)机械临时故障排除费用、机械停置期间维护保养费用,是指机械除规定的大修理及各级保养外,临时故障所需费用及机械在工作日以外的保养维护所需润滑擦拭材料费,可按各级保养(不包括例保辅料费)费用之和的 3% 计算。

（4）替换设备及工具附具台班摊销费,是指轮胎、电缆、蓄电池、运输皮带、钢丝绳、胶皮管、履带板等消耗性设备和按规定随机配备的全套工具附具的台班摊销费用。

（5）例保辅料费,即机械日常保养所需润滑擦拭材料的费用。

5.3.1.4 安拆费及场外运输费

安拆费是指施工机械在现场进行安装与拆卸所需的人工、材料、机械和试运转费用及机械辅助设施的折旧、搭设、拆除等费用;场外运输费,是指施工机械整体或分体自停放地点运至施工现场或由一施工地点运至另一施工地点的运输、装卸、辅助材料及架线等费用。台班安拆费及场外运输费即是指一台机械工作一个台班应该分摊的安拆及场外运输费。

台班安拆费及场外运输费分别按不同机械型号、重量、外形体积等分为计入台班单价、单独计算和不计算三种类型。

（1）对于在施工场地移动较为频繁的小型机械及部分中型机械,其安拆费及场外运输费应计入台班单价。其计算公式为

$$台班安拆费及场外运输费 = \frac{一次台班安拆费及场外运输费 \times 年平均拆卸次数}{年工作台班}$$

（2）对于移动有一定难度的特、大型(包括少数中型)机械,其安拆费及场外运输费应单独计算。

单独计算的安拆费及场外运输费除应计算安拆费、场外运输费外,还应计算辅助设施(包括基础、底座、固定锚桩、行走轨道枕木等)的折旧、搭设和拆除等费用。

（3）对于不需要安装、拆卸且自身又能开行的机械和固定在车间不需安装、拆卸和运输的机械,不计算安拆费及场外运输费。

5.3.1.5 人工费

人工费是指机上司机(司炉)和其他操作人员的工作日人工费及上述人员在施工机械规定的年工作台班以外的人工费。台班人工费即是指一台机械工作一个台班应该支出的人工费。其计算公式为

$$台班人工费 = \frac{人工消耗量 \times (1 + 年制度工作日 \times 年工作台班) \times 人工单价}{年工作台班}$$

其中,年制度工作日、人工单价均应执行编制期国家有关规定。

5.3.1.6 燃料动力费

燃料动力费是指施工机械在运转作业中所消耗的固体燃料(煤、木柴)、液体燃料(汽油、柴油)及水、电等。台班燃料动力费即是指一台机械工作一个台班应该支出的燃料动力费。其计算公式为

$$台班燃料动力费 = \sum (燃料动力消耗量 \times 燃料动力单价)$$

燃料动力消耗量,以实测的消耗量为主,辅以现行定额消耗量和调查的消耗量确定。

5.3.1.7 税费

税费是指施工机械按照国家规定和有关部门规定应缴纳的车船使用税、保险费及年检费等。台班税费是指一台机械工作一个台班应该分摊的车船使用税、保险费及年检

费等。

5.3.2　影响机械台班单价的因素

（1）施工机械本身的价格。施工机械本身的价格直接影响机械台班的折旧费,进而影响机械台班单价。

（2）施工机械使用寿命。施工机械使用寿命通常指施工机械的更新时间,它是由机械自然因素、经济因素和技术因素所决定的。施工机械使用寿命直接影响施工机械的台班折旧费、大修理费和经常修理费,因此对施工机械台班单价有直接的影响。

（3）施工机械的管理水平和市场供需变化。机械的使用效率、机械完好率及日常维护水平均取决于管理水平的高低,会对施工机械的台班单价有直接影响,而机械的市场供需变化也会造成机械台班单价的提高或降低。

任务 2.5　概算定额、概算指标与投资估算指标

1　概算定额

1.1　概算定额的概念

概算定额,也称扩大结构定额。它是按一定计量单位规定的,扩大分部分项工程或扩大结构部分的人工、材料和机械台班的消耗量标准和综合价格。

概算定额是在预算定额基础上的综合和扩大,是介于预算定额和概算指标之间的一种定额。它是在预算定额的基础上,根据施工顺序的衔接和互相关联性较大的原则,确定定额的划分。按常用主体结构工程列项,以主要工程内容为主,适当合并相关预算定额的分项内容,进行综合扩大,较之预算定额具有更为综合扩大的性质。

1.2　概算定额的作用

（1）概算定额是对设计方案进行技术经济分析比较的依据。

（2）概算定额是初步设计阶段编制工程设计概算、技术设计阶段编制修正概算的主要依据。

概算项目的划分与初步设计的深度一致,一般是以分部工程为对象。根据国家有关规定,按设计的不同阶段对拟建工程进行估价,编制工程概算和修正概算。

（3）概算定额是招投标工程编制招标标底、投标报价及签订施工承包合同的依据。

（4）概算定额是编制主要材料申请计划、设备清单的计算基础和施工备料的参考依据。保证材料供应是建筑工程施工的先决条件。根据概算定额的材料消耗指标,计算工程用料的数量比较准确,并可以在施工图设计之前提出计划。

（5）概算定额是拨付工程备料款、结算工程款和审定工程造价的依据。

（6）概算定额是编制概算指标或投资估算指标的基础。

2　概算指标

2.1　概算指标的概念

概算指标是按一定计量单位规定的,比概算定额更加综合扩大的单位工程或单项工程等的人工、材料、机械台班的消耗量标准和造价指标。概算指标通常以 m、m^3、座、台、组等为计量单位,因而估算工程造价较为简单。

2.2　概算指标的作用

(1)概算指标是编制初步设计概算的主要依据。

(2)概算指标基本建设计划工作的参考。

(3)概算指标是作为设计机构和建设单位进行设计方案比较的参考。

(4)概算指标是投资估算指标的编制依据。

2.3　概算指标的内容及表现形式

2.3.1　概算指标的内容

概算指标的内容包括总说明、经济指标、结构特征及适用范围、建筑物结构示意图等。

(1)总说明包括概算定额的编制依据、适用范围、指标的作用、工程量计算规则及其他有关规定。

(2)经济指标包括工程造价指标,人工、材料消耗指标。

(3)结构特征及适用范围可作为不同结构间换算的依据。

(4)建筑物结构示意图。

2.3.2　概算指标的表现形式

概算指标在表现方法上,分为综合指标与单项指标两种形式。综合指标是按照工业与民用建筑或按结构类型分类的一种概括性较大的指标;而单项指标是一种以典型的建筑物或构筑物为分析对象的概算指标。单项概算指标附有工程结构内容介绍,使用时,若在建项目与结构内容基本相符,还是比较准确的。

3　投资估算指标

3.1　投资估算指标的概念

投资估算指标是以独立的建设项目、单项工程或单位工程为对象,综合项目全过程投资与建设中各类成本和费用,反映出其扩大的技术经济指标。

投资估算是编制与确定项目建议书和可行性研究报告投资估算的基础和依据。它既是定额的一种表现形式,又不同于其他的计价定额。投资估算作为项目前期投资评估服务的一种扩大的技术经济指标,具有较强的综合性、概括性。

3.2　投资估算指标的作用

(1)在编制项目建议书和可行性研究报告阶段,它是正确编制投资估算,合理确定项目投资额,进行正确的项目投资决策的重要基础。

(2)在投资决策阶段,它是计算建设项目主要材料需用量的基础。

（3）它是编制固定资产长远规划投资额的参考依据。

（4）在项目实施阶段，它是限额设计和控制工程造价的依据。

复习思考题

1. 建筑工程施工定额、预算定额、概算定额的相互关系如何？

2. 劳动定额的概念及表现形式有哪些？

3. 材料消耗定额的概念是什么？实体性材料消耗量由哪些内容组成？

4. 周转性材料消耗量是如何确定的？

5. 人工工日单价、材料单价、机械台班单价各由哪些内容组成？

6. 如何使用预算定额？如何进行定额换算？

7. 影响工人工日单价、材料单价、机械台班单价的因素各有哪些？

学习项目 3　建设工程费用

【教学要求】

本项目主要介绍建设工程费用的组成内容及相关的确定方法。通过学习训练,学生应学会根据建筑装饰工程费用定额,合理确定建筑装饰工程费用。

任务 3.1　建设工程费用项目组成与计算

建设工程费用即建设项目总投资,是指建设项目从拟建到竣工验收交付使用整个过程中,所投入的全部费用的总和。生产性建设项目总投资包括建设投资、建设期利息和流动资金三部分;非生产性建设项目总投资包括建设投资和建设期利息两部分。其中,建设投资和建设期利息之和对应于固定资产投资,固定资产投资与建设项目的工程造价在量上相等。

我国现行建设项目投资包括工程费用、工程建设其他费用和预备费等部分。工程费用是指直接构成固定资产实体的各种费用,可以分为建筑安装工程费和设备及工器具购置费;工程建设其他费用是指根据国家有关规定应在投资中支付,并列入建设项目总造价或单项工程造价的费用;预备费是为了保证工程项目的顺利实施,避免在难以预料的情况下造成投资不足而预先安排的费用。

1　建设项目总投资

建设项目总投资组成见表 3-1。

2　建筑安装工程费

根据《住房和城乡建设部、财政部关于印发〈建筑安装工程费用项目组成〉的通知》(建标〔2013〕44 号)的规定,建筑安装工程费按照费用构成要素划分,由人工费、材料(包含工程设备)费、施工机具使用费、企业管理费、利润、规费和税金组成。

3　设备及工器具购置费

设备及工器具购置费是由设备购置费用和工具、器具及生产家具购置费用组成的,是固定资产投资的构成部分。

3.1　设备购置费

设备购置费是指为建设项目购置或自制的,达到固定资产标准的各种国产或进口设备、工具、器具的费用。它由设备原价和设备运杂费构成。

表 3-1 建设项目总投资组成

			第一部分工程费用	建筑安装工程费		
建设项目总投资	固定资产投资——工程造价	建设投资	第一部分工程费用	设备及工器具购置费		
			第二部分工程建设其他费用	建设管理费	固定资产其他费用	固定资产
				建设用地费		
				可行性研究费		
				研究试验费		
				勘察设计费		
				环境影响评价费		
				劳动安全卫生评价费		
				场地准备及临时设施费		
				引进技术和进口设备其他费		
				工程保险费		
				联合试运转费		
				特殊设备安全监督检验费		
				市政公用设施建设费		
				专利及专有技术使用费	无形资产费用	
				生产准备及开办费	其他资产	
			第三部分预备费	基本预备费		
				涨价预备费		
			第四部分	建设期贷款利息		
			第五部分	固定资产投资方向调节税(暂停征收)		
	流动资产投资——铺底流动资金					

3.2 工器具及生产家具购置费

工器具及生产家具购置费,是指新建项目或扩建项目初步设计规定的,保证初期正常生产必须购置的,但没有达到固定资产标准的设备、仪器、工卡模具、器具、生产家具和备品备件等的购置费用。

4 工程建设其他费用

工程建设其他费用是工程从筹建到竣工验收交付使用整个建设期间,为保证工程顺利完成发生的除建筑安装工程费用和设备、工器具购置费外的费用。包括固定资产费用、无形资产费用和其他资产费用。

应特别指出的是,工程建设其他费用项目是项目的建设投资中较常发生的费用项目,但并非每个项目都会发生这些费用项目,项目不发生的其他费用项目不计取。

4.1 建设管理费

建设管理费是指工程从立项、筹建、建设、联合试运转、竣工验收交付使用及后评价等全过程管理所需的费用。包括以下费用:

(1)建设单位管理费。是指建设单位从项目开工之日起至办理竣工财务决算之日止发生的管理性质的开支。包括工作人员的基本工资、工资性津贴、职工福利费、劳动保护费、劳动保险费、办公费、差旅交通费、工会经费、职工教育经费、固定资产使用费、工具用具使用费、技术图书资料费、必要的办公及生活用品购置费、必要的通信设备及交通工具购置费、零星固定资产购置、生产人员招募费、业务招待费、设计审查费、工程招标费、合同契约公证费、法律顾问费、咨询费、完工清理费、竣工验收费、印花税和其他管理性质的开支。

(2)工程监理费。工程监理费是指建设单位委托工程监理单位实施工程监理的费用。此项费用应按《国家发展改革委、建设部关于印发〈建设工程监理与相关服务收费管理规定〉的通知》(发改价格〔2007〕670号)计算。依法必须实行监理的建设工程施工阶段的监理收费实行政府指导价;其他建设工程施工阶段的监理收费和其他阶段的监理与相关服务收费实行市场调节价。

工程监理是受建设单位委托的工程建设技术服务,属建设管理范畴。监理费应根据委托的监理工作范围和监理深度在监理合同中商定。因此,工程监理费应从建设单位管理费中开支,所以在工程建设其他费用项目中不单独列项。

4.2 建设用地费

由于建筑物的固定性,必然要发生为获得建设用地而支付的费用,即土地使用费。它包括通过划拨方式取得土地使用权而支付的土地征用及迁移补偿费,或者通过土地使用权出让方式取得土地使用权而支付的土地使用权出让金。

(1)土地征用及迁移补偿费。依照《中华人民共和国土地管理法》等规定,土地征用及迁移补偿费包括土地补偿费,青苗补偿费和被征用土地上的房屋、水井、树木等附着物补偿费,安置补助费,缴纳的耕地占用税或城镇土地使用税,土地登记费及征地管理费等,征地动迁费,水利水电工程水库淹没处理补偿费。

(2)土地使用权出让金。土地使用权出让金是指建设项目通过土地使用权出让方式,取得有限期的土地使用权,依照《中华人民共和国城镇国有土地使用权出让和转让暂行条例》规定,支付的土地使用权出让金。城市土地的出让和转让可采用协议、招标、公开拍卖等方式。

4.3 可行性研究费

可行性研究费是指在建设项目前期工作中,编制和评估项目建议书、可行性研究报告所需的费用。

4.4 研究试验费

研究试验费是指为项目提供和验证设计参数、数据、资料所进行的必要的试验费用以及设计规定在施工中必须进行试验、验证所需的费用。包括自行或委托其他部门研究试验所需人工费、材料费、试验设备及仪器使用费等。此项费用应按照研究试验内容和要求进行编制。

4.5　勘察设计费

勘察设计费是指为项目提供建议书、可行性研究报告及设计文件等所需的费用。包括编制项目建议书、可行性研究报告及投资估算、工程咨询、评价以及为编制上述文件所进行的勘察、设计、研究试验等所需费用;委托勘察、设计单位进行初步设计、施工图设计及概预算编制所需费用;在规定范围内由建设单位自行完成勘察、设计工作所需的费用。

4.6　环境影响评价费

环境影响评价费是按照《中华人民共和国环境保护法》《中华人民共和国环境影响评价法》等规定,为全面、详细评价本建设项目对环境可能产生的污染或造成的重大影响所需要的费用,包括编制环境影响报告书(含大纲)、环境影响报告表和评估环境影响报告书(含大纲)、评估环境影响报告表等所需的费用。

4.7　劳动安全卫生评价费

劳动安全卫生评价费是指按照《建设项目(工程)劳动安全卫生监察规定》和《建设项目(工程)劳动安全卫生预评价管理办法》的规定,为预测和分析建设项目存在的职业危险、危害因素的种类和危险危害程度,并提出先进、科学、合理可行的劳动安全卫生技术和管理对策所需的费用。包括编制建设项目劳动安全卫生预评价大纲和劳动安全卫生预评价报告书以及为编制上述文件所进行的工程分析和环境现状调查等所需费用。

4.8　场地准备及临时设施费

场地准备费是指建设项目为达到工程开工条件所发生的场地平整和对建设场地预留的碍于施工建设的设施进行拆除清理的费用。

临时设施费是指施工企业为进行建筑工程施工所必需的生活和生产用的临时建筑物、构筑物和其他临时设施的费用,建设单位的现场临时建(构)筑物的搭设、维修、拆除、摊销或建设期间租赁费用,以及施工期间专用公路养护费、维修费。此费用不包括已列入建筑安装工程费用中的施工单位临时设施费用。

4.9　引进技术和进口设备其他费用

引进技术和进口设备其他费用包括出国人员费用、国外工程技术人员来华费用、技术引进费、分期或延期付款利息、担保费以及进口设备检验鉴定费。

4.10　工程保险费

工程保险费是指建设项目在建设期间根据需要对建筑工程及机器设备进行投保而发生的保险费用,包括建筑工程一切险和人身意外伤害险、引进设备国内安装保险等。

4.11　联合试运转费

联合试运转费是指新建项目或新增加生产能力的工程,在交付生产前按照批准的设计文件规定的工程质量标准和技术要求,进行整个生产线或装置的负荷联合试运转或局部联运试车所发生的费用净支出(试运转支出大于收入的差额部分费用)。试运转支出包括试运转所需原材料、燃料及动力消耗、低值易耗品、其他物料消耗、工具用具使用费、机械使用费、保险金、施工单位参加试运转人员工资,以及专家指导费等;试运转收入包括试运转期间的产品销售收入和其他收入。

联合试运转费不包括应由设备安装工程费用开支的调试及试车费用,以及在试运转中暴露出来的因施工原因或设备缺陷等发生的处理费用。

4.12 特殊设备安全监督检验费

特殊设备安全监督检验费是指在施工现场组装的锅炉及压力容器、压力管道、消防设备、燃气设备、电梯等特殊设备和设施,由安全监察部门按照有关安全监察条例和实施细则以及设计技术要求进行安全检验,应由建设项目支付的、向安全监察部门缴纳的费用。

4.13 市政公用设施建设费

市政公用设施建设费是指使用市政公用设施的建设项目按项目所在地省一级人民政府有关规定建设或缴纳的市政公用设施建设配套费用,以及绿化工程补偿费用。

4.14 无形资产费用

无形资产费用是指直接形成无形资产的建设投资,主要是指专利及专有技术使用费。包括国外设计及技术资料费,引进有效专利、专有技术使用费和技术保密费;国内有效专利、专有技术使用费;商标权、商誉和特许经营权费等;为项目配套的专用设施投资,包括专用铁路线、专用公路、专用通信设施、送变电站、地下管道、专用码头等,如由项目建设单位负责投资但产权不归属本单位的,应作无形资产处理。

4.15 其他资产

其他资产是指建设投资中除形成固定资产和无形资产以外的部分,主要包括生产准备及开办费等。生产准备及开办费是指建设项目为保证正常生产(或营业、使用)而发生的人员培训费、提前进厂费以及投产使用必备的生产办公、生活家具用具及工器具等购置费用;为保证初期正常生产(或营业、使用)必需的第一套不够固定资产标准的生产工具、器具、用具购置费。不包括备品备件费,为保证初期生产(或营业、使用)必需的生产办公、生活家具用具购置费。

5 预备费

按我国现行规定,预备费包括基本预备费和涨价预备费两种。

5.1 基本预备费

基本预备费是指针对在项目实施过程中可能发生难以预料的支出,需要事先预留的费用,又称工程建设不可预见费。主要指设计变更及施工过程中可能增加工程量的费用。具体包括以下费用:

(1)在批准的初步设计范围内,技术设计、施工图设计及施工过程中所增加的工程费用,设计变更、局部地基处理等增加的费用。

(2)一般自然灾害造成的损失和预防自然灾害所采取的措施费。实行工程保险的工程项目费用应适当降低。

(3)竣工验收时为鉴定工程质量,对隐蔽工程进行必要的挖掘和修复费用。

5.2 涨价预备费

涨价预备费是指建设项目在建设期间,由于材料、人工、设备等价格等原因引起工程造价变化,而事先预留的费用,亦称为价格变动不可预见费。费用内容包括人工、设备、材料、施工机械的价差费,建筑安装工程费及工程建设其他费用调整增加的费用,利率、汇率调整等增加的费用。

6 建设期贷款利息

建设期贷款利息包括向国内银行和其他非银行金融机构贷款、出口信贷、外国政府贷款、国际商业银行贷款以及在境内外发行的债券等在建设期间内应偿还的借款利息。

国外贷款利息计算中,还应包括国外贷款银行根据贷款协议向贷款方以年利率的方式收取的手续费、管理费、承诺费,以及国内代理机构经国家主管部门批准的以年利率的方式向贷款单位收取的转贷费、担保费、管理费等。

任务 3.2   建筑安装工程费用构成及计算

为指导工程造价专业人员计算建筑安装工程造价,将建筑安装工程费用按工程造价形成顺序划分为分部分项工程费、措施项目费、其他项目费、规费和税金。

建筑安装工程费是指为完成工程项目建造、生产性设备及配套工程安装所需的费用。

1 建筑工程费用内容

(1)各类房屋建筑工程和列入房屋建筑工程的供水、供暖、卫生、通风、煤气等设备费用及其装饰、油饰工程的费用,列入建筑工程预算的各种管道、电力、电信和电缆导线敷设工程的费用。

(2)设备基础、支柱、工作台、烟囱、水塔、水池、灰塔等建筑工程以及各种炉窑的砌筑工程和金属结构工程的费用。

(3)为施工而进行的场地平整,工程和水文地质勘查,原有建筑物和障碍物的拆除以及施工临时用水、电、暖、气、路、通信和完工后的场地清理费用,环境绿化、美化等工作的费用。

(4)矿井开凿、井巷延伸、露天矿剥离,石油、天然气钻井,修建铁路、公路、桥梁、水库、堤坝、灌渠及防洪等工程的费用。

2 建筑安装工程费用内容

(1)生产、动力、起重、运输、传动和医疗、试验等各种需要安装的机械设备的装配费用,与设备相连的工作台、梯子、栏杆等设施的工作费用,附属于被安装设备的管线敷设工程费用,以及安装设备的绝缘、防腐、保温、油漆等工作的材料费和安装费用。

(2)为测定安装工程质量,对单台设备进行单机试运转、对系统设备进行系统联动无负荷试运转工作的调试费用。

2.1 按费用构成要素划分

建筑安装工程费按照费用构成要素划分,由人工费、材料(包含工程设备)费、施工机具使用费、企业管理费、利润、规费和税金组成。其中,人工费、材料费、施工机具使用费、企业管理费和利润包含在分部分项工程费、措施项目费、其他项目费中,见表3-2。

2.1.1 人工费

人工费是指按工资总额构成规定,支付给从事建筑安装工程施工的生产工人和附属生产单位工人的各项费用。

表 3-2　建筑安装工程费用项目组成表（按费用构成要素划分）

建筑安装工程费	人工费	1. 计时工资或计件工资；2. 奖金；3. 津贴、补贴；4. 加班加点工资；5. 特殊情况下支付的工资		
	材料费	1. 材料原价；2. 运杂费；3. 运输损耗费；4. 采购及保管费		1. 分部分项工程费； 2. 措施项目费； 3. 其他项目费
	施工机具使用费	1. 施工机械使用费	①折旧费；②大修理费；③经常修理费；④安拆费及场外运费；⑤人工费；⑥燃料动力费；⑦税费	
		2. 仪器仪表使用费		
	企业管理费	1. 管理人员工资；2. 办公费；3. 差旅交通费；4. 固定资产使用费；5. 工具用具使用费；6. 劳动保险和职工福利费；7. 劳动保护费；8. 检验试验费；9. 工会经费；10. 职工教育经费；11. 财产保险费；12. 财务费；13. 税金；14. 其他		
	利润			
	规费	1. 社会保险费	①养老保险费；②失业保险费；③医疗保险费；④生育保险费；⑤工伤保险费	
		2. 住房公积金		
		3. 工程排污费		
	税金	1. 营业税；2. 城市维护建设税；3. 教育费附加；4. 地方教育附加		

2.1.2　材料费

材料费是指施工过程中耗费的原材料、辅助材料、构配件、零件、半成品或成品、工程设备的费用。材料费具体包括以下费用：

（1）材料原价。是指材料、工程设备的出厂价格或商家供应价格。

（2）运杂费。是指材料、工程设备自来源地运至工地仓库或指定堆放地点所发生的全部费用。

（3）运输损耗费。是指材料在运输装卸过程中不可避免的损耗。

（4）采购及保管费。是指为组织采购、供应和保管材料、工程设备的过程中所需要的各项费用。包括采购费、仓储费、工地保管费、仓储损耗。

工程设备是指构成或计划构成永久工程一部分的机电设备、金属结构设备、仪器装置及其他类似的设备和装置。

2.1.3　施工机具使用费

施工机具使用费是指施工作业所发生的施工机械、仪器仪表使用费或其租赁费。包括以下内容。

2.1.3.1   施工机械使用费

施工机械使用费以施工机械台班耗用量乘以施工机械台班单价表示,施工机械台班单价应由下列七项费用组成:

(1)折旧费。指施工机械在规定的使用年限内,陆续收回其原值的费用。

(2)大修理费。指施工机械按规定的大修理间隔台班进行必要的大修理,以恢复其正常功能所需的费用。

(3)经常修理费。指施工机械除大修理以外的各级保养和临时故障排除所需的费用。包括为保障机械正常运转所需替换设备与随机配备工具附具的摊销和维护费用、机械运转中日常保养所需润滑与擦拭的材料费用及机械停滞期间的维护和保养费用等。

(4)安拆费及场外运输费。安拆费指施工机械(大型机械除外)在现场进行安装与拆卸所需的人工、材料、机械和试运转费用以及机械辅助设施的折旧、搭设、拆除等费用;场外运输费指施工机械整体或分体自停放地点运至施工现场或由一施工地点运至另一施工地点的运输、装卸、辅助材料及架线等费用。

(5)人工费。指机上司机(司炉)和其他操作人员的人工费。

(6)燃料动力费。指施工机械在运转作业中所消耗的各种燃料及水、电等。

(7)税费。指施工机械按照国家规定应缴纳的车船使用税、保险费及年检费等。

2.1.3.2   仪器仪表使用费

仪器仪表使用费是指工程施工所需使用的仪器仪表的摊销及维修费用。

2.1.4   企业管理费

企业管理费是指建筑安装企业组织施工生产和经营管理所需的费用。包括以下内容。

(1)管理人员工资。是指按规定支付给管理人员的计时工资、奖金、津贴补贴、加班加点工资及特殊情况下支付的工资等。

(2)办公费。是指企业管理办公用的文具、纸张、账表、印刷、邮电、书报、办公软件、现场监控、会议、水电、烧水和集体取暖降温(包括现场临时宿舍取暖降温)等费用。

(3)差旅交通费。是指职工因公出差、调动工作的差旅费、住勤补助费,市内交通费和误餐补助费,职工探亲路费,劳动力招募费,职工退休、退职一次性路费,工伤人员就医路费,工地转移费以及管理部门使用的交通工具的油料、燃料等费用。

(4)固定资产使用费。是指管理和试验部门及附属生产单位使用的属于固定资产的房屋、设备、仪器等的折旧、大修、维修或租赁费。

(5)工具用具使用费。是指企业施工生产和管理使用的不属于固定资产的工具、器具、家具、交通工具和检验、试验、测绘、消防用具等的购置、维修和摊销费。

(6)劳动保险和职工福利费。是指由企业支付的职工退职金、按规定支付给离休干部的经费、集体福利费、夏季防暑降温、冬季取暖补贴、上下班交通补贴等。

(7)劳动保护费。是指企业按规定发放的劳动保护用品的支出。如工作服、手套、防暑降温饮料以及在有碍身体健康的环境中施工的保健费用等。

(8)检验试验费。是指施工企业按照有关标准规定,对建筑以及材料、构件和建筑安装物进行一般鉴定、检查所发生的费用。包括自设实验室进行试验所耗用的材料等费用。

不包括新结构、新材料的试验费,对构件做破坏性试验及其他特殊要求检验试验的费用和建设单位委托检测机构进行检测的费用,此类检测发生的费用由建设单位在工程建设其他费用中列支。但对施工企业提供的具有合格证明的材料进行检测不合格的,该检测费用由施工企业支付。

(9)工会经费。是指企业按我国《工会法》规定的全部职工工资总额比例计提的工会经费。

(10)职工教育经费。是指按职工工资总额的规定比例计提,企业为职工进行专业技术和职业技能培训,专业技术人员继续教育、职工职业技能鉴定、职业资格认定以及根据需要对职工进行各类文化教育所发生的费用。

(11)财产保险费。是指施工管理用财产、车辆等的保险费用。

(12)财务费。是指企业为施工生产筹集资金或提供预付款担保、履约担保、职工工资支付担保等所发生的各种费用。

(13)税金。是指企业按规定缴纳的房产税、车船使用税、土地使用税、印花税等。

(14)其他。包括技术转让费、技术开发费、投标费、业务招待费、绿化费、广告费、公证费、法律顾问费、审计费、咨询费、保险费等。

2.1.5　利润

利润是指施工企业完成所承包工程获得的盈利。

2.1.6　规费

规费是指按国家法律、法规规定,由省级政府和省级有关权力部门规定必须缴纳或计取的费用。包括社会保险费、住房公积金、工程排污费等:

(1)社会保险费。包括:

①养老保险费。是指企业按照规定标准为职工缴纳的基本养老保险费。

②失业保险费。是指企业按照规定标准为职工缴纳的失业保险费。

③医疗保险费。是指企业按照规定标准为职工缴纳的基本医疗保险费。

④生育保险费。是指企业按照规定标准为职工缴纳的生育保险费。

⑤工伤保险费。是指企业按照规定标准为职工缴纳的工伤保险费。

(2)住房公积金。是指企业按规定标准为职工缴纳的住房公积金。

(3)工程排污费。是指企业按规定标准缴纳的施工现场工程排污费。

其他应列而未列入的规费,按实际发生计取。

2.1.7　税金

税金是指国家税法规定的应计入建筑安装工程造价内的营业税、城市维护建设税、教育费附加及地方教育附加。

2.2　按造价形成划分

建筑安装工程费按照工程造价形成由分部分项工程费、措施项目费、其他项目费、规费、税金组成,分部分项工程费、措施项目费、其他项目费包含人工费、材料费、施工机具使用费、企业管理费和利润,见表3-3。

2.2.1　分部分项工程费

分部分项工程费是指各专业工程的分部分项工程应予列支的各项费用。

表 3-3 建筑安装工程费用项目组成表(按照工程造价形成划分)

建筑安装工程费	分部分项工程费	1.房屋建筑与装饰工程:土石方工程、桩基工程……;2.仿古建筑工程;3.通用安装工程;4.市政工程;5.园林绿化工程;6.矿山工程;7.构筑物工程;8.城市轨道交通工程;9.爆破工程……		1.人工费; 2.材料费; 3.施工机具使用费; 4.企业管理费; 5.利润
	措施项目费	1.安全文明施工费;2.夜间施工增加费;3.二次搬运费;4.冬雨(风)季施工增加费;5.已完工程及设备保护费;6.工程定位复测费;7.特殊地区施工增加费;8.大型机械进出场及安拆费;9.脚手架工程费		
	其他项目费	1.暂列金额		
		2.计日工		
		3.总承包服务费		
		⋮		
	规费	1.社会保险费	①养老保险费;②失业保险费;③医疗保险费;④生育保险费;⑤工伤保险费	
		2.住房公积金		
		3.工程排污费		
	税金	1.营业税;2.城市维护建设税;3.教育费附加;4.地方教育附加		

(1)专业工程。是指按现行国家计量规范划分的房屋建筑与装饰工程、仿古建筑工程、通用安装工程、市政工程、园林绿化工程、矿山工程、构筑物工程、城市轨道交通工程、爆破工程等各类工程。

(2)分部分项工程。是指按现行国家计量规范对各专业工程划分的项目。如房屋建筑与装饰工程划分的楼地面工程、墙柱面工程、天棚工程、油漆涂料裱糊工程等。

各类专业工程的分部分项工程划分见现行国家或行业计量规范。

分部分项工程费的参考计算方法:

$$分部分项工程费 = \sum(分部分项工程量 \times 综合单价)$$

其中,综合单价包括人工费、材料费、施工机具使用费、企业管理费和利润以及一定范围的风险费用(下同)。

2.2.2 措施项目费

措施项目费是指为完成建设工程施工,发生于该工程施工前和施工过程中的技术、生活、安全、环境保护等方面的费用。包括以下内容。

2.2.2.1 安全文明施工费

(1)环境保护费。是指施工现场为达到环保部门要求所需要的各项费用。

(2)文明施工费。是指施工现场文明施工所需要的各项费用。

(3)安全施工费。是指施工现场安全施工所需要的各项费用。

(4)临时设施费。是指施工企业为进行建设工程施工所必须搭设的生活和生产用的临时建筑物、构筑物和其他临时设施费用。包括临时设施的搭设、维修、拆除、清理费或摊销费等。

2.2.2.2 夜间施工增加费

夜间施工增加费是指因夜间施工所发生的夜班补助费、夜间施工降效、夜间施工照明设备摊销及照明用电等费用。内容由以下各项组成:

(1)夜间固定照明灯具和临时可移动照明灯具的设置、拆除费用;

(2)夜间施工时,施工现场交通标志、安全标牌、警示灯的设置、移动、拆除费用;

(3)夜间施工照明设备摊销及照明用电、施工人员夜班补助、夜间施工劳动效率降低等费用。

非夜间施工照明费是指为保证工程施工正常进行,在地下室等特殊施工部位施工时所采用的照明设备的安拆、维护及照明用电等费用。

2.2.2.3 二次搬运费

二次搬运费是指因施工场地条件限制而发生的材料、构配件、半成品等一次运输不能到达堆放地点,必须进行二次或多次搬运所发生的费用。

2.2.2.4 冬雨(风)季施工增加费

冬雨(风)季施工增加费是指在冬雨季由于天气原因导致施工效率降低加大投入而增加的费用,以及为确保冬雨季施工质量和安全而采取的保温、防雨等措施所需的费用。内容由以下各项组成:

(1)冬雨(风)季施工时,增加的临时设置(防寒保温、防雨、防风设施)的搭设、拆除费用;

(2)冬雨(风)季施工时,对砌体、混凝土等采取的特殊加温、保温和养护措施费用;

(3)冬雨(风)季施工时,施工现场防滑处理、对影响施工的雨雪的清除费用;

(4)冬雨(风)季施工时,增加的施工人员的劳动保护用品、冬雨(风)季施工劳动效率降低等费用。

2.2.2.5 地上、地下设施和建筑物的临时保护设施费

地上、地下设施和建筑物的临时保护设施费是指在施工过程中,对已建成的地上、地下设施和建筑物进行的遮盖、封闭、隔离等必要保护措施所发生的费用。

2.2.2.6 已完工程及设备保护费

已完工程及设备保护费是指竣工验收前,对已完工程及设备采取的覆盖、包裹、封闭、隔离等必要保护措施所发生的费用。

2.2.2.7 脚手架工程费

脚手架工程费是指施工需要的各种脚手架搭、拆、运输费用以及脚手架购置费的摊销(或租赁)费用。通常包括以下内容:

(1)施工时可能发生的场内、场外材料搬运费用;

(2)搭、拆脚手架、斜道、上料平台费用;

(3)安全网的铺设费用;

(4)拆除脚手架后材料的堆放费用。

2.2.2.8　混凝土模板及支架(撑)费

混凝土施工过程中需要的各种钢模板、木模板、支架等的支拆、运输费用及模板、支架的摊销(或租赁)费用。内容由以下各项组成：

(1)混凝土施工过程中需要的各种模板制作费用；

(2)模板安装、拆除、整理堆放及场内外运输费用；

(3)清理模板黏结物及模内杂物、刷隔离剂等费用。

2.2.2.9　垂直运输费

垂直运输费是指现场所用材料、机具从地面运至相应高度以及职工人员上下工作面等所发生的运输费用。内容由以下各项组成：

(1)垂直运输机械的固定装置、基础制作、安装费；

(2)行走式垂直运输机械轨道的铺设、拆除、摊销费。

2.2.2.10　超高施工增加费

当单层建筑物檐口高度超过 20 m，多层建筑物超过 6 层时，可计算超高施工增加费，内容由以下各项组成：

(1)建筑物超高引起的人工工效降低以及由于人工工效降低引起的机械降效费；

(2)高层施工用水加压水泵的安装、拆除及工作台班费；

(3)通信联络设备的使用及摊销费。

2.2.2.11　大型机械设备进出场及安拆费

大型机械设备进出场及安拆费是指机械整体或分体自停放场地运至施工现场或由一个施工地点运至另一个施工地点，所发生的机械进出场运输及转移费用及机械在施工现场进行安装、拆卸所需的人工费、材料费、机械费、试运转费和安装所需的辅助设施的费用。内容由安拆费和进出场费组成。

(1)安拆费包括施工机械、设备在现场进行安装拆卸所需人工、材料、机具和试运转费用以及机械辅助设施的折旧、搭设、拆除等费用。

(2)进出场费包括施工机械、设备整体或分体自停放场地运至施工现场或由一个施工地点运至另一个施工地点所发生的运输、装卸、辅助材料等费用。

2.2.2.12　施工排水、降水费

施工排水、降水费是指将施工期间有碍施工作业和影响工程质量的水排到施工场地以外，以及防止在地下水位较高的地区开挖深基坑出现基坑浸水，地基承载力下降，在动水压力作用下还可能引起流沙、管涌和边坡失稳等现象而必须采取有效的降水和排水措施费用。该项费用由成井和排水、降水两个独立的费用项目组成。

(1)成井的费用主要包括：①准备钻孔机械、埋设护筒，钻机就位，泥浆制作、固壁、成孔、除渣、清孔等费用；②对接上、下井管(滤管)，焊接，安防，下滤料，洗井，连接试抽等费用。

(2)排水、降水的费用主要包括：①管道安装、拆除、场内搬运等费用；②抽水、值班、降水设备维修等费用。

2.2.2.13　其他

根据项目的专业特点或所在地区不同，可能会出现其他的措施项目。如工程定位复测费和特殊地区施工增加费等。

措施项目费的参考计算方法如下:

(1)应予计量的措施项目,与分部分项工程费的计算方法基本相同。

$$措施项目费 = \sum(措施项目工程量 \times 综合单价)$$

不同的措施项目其工程量的计算单位是不同的,分列如下:

①脚手架费通常按建筑面积或垂直投影面积以 m^2 为单位计算。

②模板及支撑费通常是按照模板与现浇混凝土构件的接触面积以 m^2 为单位计算。

③垂直运输费可根据不同情况用两种方法进行计算:按照建筑面积以 m^2 为单位计算;按照施工工期日历天数以天为单位计算。

④超高施工增加费通常按照建筑物超高部分的建筑面积以 m^2 为单位计算。

⑤大型机械设备进出场及安拆费通常按照机械设备的适用数量以台次为单位计算。

⑥施工排水、降水费分两个不同的独立部分计算:成井费通常按照设计图示尺寸以钻孔深度按 m 计算;排水、降水费用通常按照排、降水日历天数按昼夜计算。

(2)不宜计量的措施项目,通常用计算基数乘以费率的方法予以计算。

①安全文明施工费。计算公式为

$$安全文明施工费 = 计算基数 \times 安全文明施工费费率(\%)$$

计算基数应为定额基价(定额分部分项工程费 + 定额中可以计量的措施项目费)、定额人工费或(定额人工费 + 定额机械费),其费率由工程造价管理机构根据各专业工程的特点综合确定。

②其余不宜计量的措施项目。包括夜间施工增加费,非夜间施工照明费,二次搬运费,冬雨(风)季施工增加费,地上、地下设施和建筑物的临时保护设施费,已完工程及设备保护费等。计算公式为

$$措施项目费 = 计算基数 \times 措施项目费费率(\%)$$

式中的计算基数应为定额人工费或定额人工费与定额施工机具使用费之和,其费率由工程造价管理机构根据各专业工程特点和调查资料综合分析后确定。

2.2.3 其他项目费

2.2.3.1 暂列金额

暂列金额是指建设单位在工程量清单中暂定并包括在工程合同价款中的一笔款项。用于施工合同签订时尚未确定或者不可预见的所需材料、工程设备、服务的采购,施工中可能发生的工程变更、合同约定调整因素出现时的工程价款调整以及发生的索赔、现场签证确认等的费用。

2.2.3.2 计日工

计日工是指在施工过程中,施工企业完成建设单位提出的施工图纸以外的零星项目或工作所需的费用。

2.2.3.3 总承包服务费

总承包服务费是指总承包人为配合、协调建设单位进行的专业工程发包,对建设单位自行采购的材料、工程设备等进行保管以及施工现场管理、竣工资料汇总整理等服务所需的费用。

其他项目费的参考计算方法如下:

（1）暂列金额由建设单位根据工程特点,按有关计价规定估算,施工过程中由建设单位掌握使用,扣除合同价款调整后如有余额,归建设单位。

（2）计日工由建设单位和施工企业按施工过程中的签证计价。

（3）总承包服务费由建设单位在招标控制价中根据总包服务范围和有关计价规定编制,施工企业投标时自主报价,施工过程中按签约合同价执行。

2.2.4　规费

规费与按费用构成要素划分中的完全一样。

2.2.5　税金

税金与按费用构成要素划分中的完全一样。

建设单位和施工企业均应按照省、自治区、直辖市或行业建设主管部门发布的标准计算规费和税金,不得作为竞争性费。

3　相关问题的说明

（1）各专业工程计价定额的编制及其计价程序,均按本通知实施。

（2）各专业工程计价定额的使用周期原则上为 5 年。

（3）工程造价管理机构在定额使用周期内,应及时发布人工、材料、机械台班价格信息,实行工程造价动态管理,如遇国家法律、法规、规章或相关政策变化以及建筑市场物价波动较大时,应适时调整定额人工费、定额机械费以及定额基价或规费费率,使建筑安装工程费能如实反映建筑市场。

（4）建设单位在编制招标控制价时,应按照各专业工程的计量规范和计价定额以及工程造价信息编制。

（5）施工企业在使用计价定额时除不可竞争费用外,其余仅作参考,由施工企业投标时自主报价。

任务 3.3　建筑安装工程计价程序

1　定额计价模式下的计价程序

1.1　概述

定额计价模式下装饰工程总造价的内容是以任务 3.2 中按照费用构成要素来划分的。在计算出人工费、材料费、施工机具使用费后,其他相关内容要具体分别计算。

1.2　定额计价模式下的计算方法

1.2.1　一般性说明

（1）定额计价是以某地区单位估价表中的人工费、材料费（含未计价材料）、施工机具使用费为基础,依据所使用定额计算出工程所需的全部费用,包括人工费、材料费、施工机具使用费、利润、规费和税金。

（2）材料的市场价格是指承发包方双方认定的价格,也可以是当地建设工程造价管理机构发布的市场信息价。双方应该在相关文件上进行约定。

（3）人工单价、材料市场价格、机械台班价格计入定额基价。

（4）施工过程中发生的索赔与现场签证等费用，承发包双方办理竣工结算时按照以实物量形式和费用形式分别计算。实物量形式发生的索赔与签证，应按照基价表金额，计算总价措施费、企业管理费、规费、利润、税金。

以费用形式表示的索赔与签证，一般是不含税工程造价，另有说明的除外。

（5）由发包人提供的材料（俗称甲供材），按当期价格计入定额基价，按计价程序计取各项费用以及税金。支付工程款时，扣除费用 = $\sum$（发包人提供的材料数量×当期信息价）。

1.2.2 计算程序

定额计价计算程序如表3-4所示。

表3-4 定额计价计算程序

工程名称：　　　　　　　　　　　标段：

序号	费用项目		计算方法
1	分部分项工程费		1.1 + 1.2 + 1.3
1.1	其中	人工费	$\sum$（人工费）
1.2		材料费	$\sum$（材料费）
1.3		施工机具使用费	$\sum$（施工机具使用费）
2	措施项目费		2.1 + 2.2
2.1	单价措施项目费		2.1.1 + 2.1.2 + 2.1.3
2.1.1	其中	人工费	$\sum$（人工费）
2.1.2		材料费	$\sum$（材料费）
2.1.3		施工机具使用费	$\sum$（施工机具使用费）
2.2	总价措施项目费		2.2.1 + 2.2.2
2.2.1	其中	安全文明施工费	（1.1 + 1.3 + 2.1.1 + 2.1.3）×费率
2.2.2		其他总价措施项目费	（1.1 + 1.3 + 2.1.1 + 2.1.3）×费率
3	总包服务费		项目价值×费率
4	企业管理费		（1.1 + 1.3 + 2.1.1 + 2.1.3）×费率
5	利润		（1.1 + 1.3 + 2.1.1 + 2.1.3）×费率
6	规费		（1.1 + 1.3 + 2.1.1 + 2.1.3）×费率
7	索赔与现场签证		据实
8	不含税工程造价		1 + 2 + 3 + 4 + 5 + 6 + 7
9	税金		8×费率
10	含税工程造价		8 + 9

2　清单计价模式下的计价程序

2.1　概述

清单计价模式下装饰工程总造价的内容是按照造价形成来划分的。因此,相关内容的计取要具体分别计算。

2.2　清单计价模式下的计算方法

2.2.1　一般性说明

(1)清单计价模式下的费用由分部分项工程费、措施项目费、其他项目费、规费和税金组成。其中,分部分项工程费、措施项目费、其他项目费中包含人工费、材料费、施工机具使用费、企业管理费和利润以及有限的风险费用,俗称综合单价。

(2)人工费、材料费、施工机具使用费通过消耗量定额和市场信息价算出,企业管理费和利润以及有限的风险费用通过相关基数乘以费率形式计算得出。

(3)在单价措施项目费和总价措施项目费的计算中,单价措施项目费与分部分项工程费计算方法一样,总价措施项目费以人工费或人工费和机械费之和乘以相关费率计算得出。

2.2.2　计算程序

在招投标过程中承发包双方都会进行费用组成的计价,根据《住房和城乡建设、财政部关于印发〈建筑安装工程费用项目组成〉的通知》(建标〔2013〕44 号)的规定,工程量清单计价模式下建设单位工程招标控制价计价程序如表 3-5 所示,施工企业工程投标报价计价程序如表 3-6 所示,竣工结算计价程序如表 3-7 所示。

表 3-5　建设单位工程招标控制价计价程序

工程名称:　　　　　　　　　　标段:

序号	内容	计算方法	金额(元)
1	分部分项工程费	按计价规定计算	
1.1			
1.2			
1.3			
1.4			
1.5			
2	措施项目费	按计价规定计算	
2.1	其中:安全文明施工费	按规定标准计算	
3	其他项目费		

续表 3-5

序号	内容	计算方法	金额(元)
3.1	其中:暂列金额	按计价规定估算	
3.2	其中:专业工程暂估价	按计价规定估算	
3.3	其中:计日工	按计价规定估算	
3.4	其中:总承包服务费	按计价规定估算	
4	规费	按规定标准计算	
5	税金(扣除不列入计税范围的工程设备金额)	(1+2+3+4)×规定税率	
招标控制价合计 = 1 + 2 + 3 + 4 + 5			

表 3-6 施工企业工程投标报价计价程序

工程名称:　　　　　　　　　　　　　标段:

序号	内容	计算方法	金额(元)
1	分部分项工程费	自主报价	
1.1			
1.2			
1.3			
1.4			
1.5			
2	措施项目费	自主报价	
2.1	其中:安全文明施工费	按规定标准计算	
3	其他项目费		
3.1	其中:暂列金额	按招标文件提供金额计列	
3.2	其中:专业工程暂估价	按招标文件提供金额计列	
3.3	其中:计日工	自主报价	
3.4	其中:总承包服务费	自主报价	
4	规费	按规定标准计算	
5	税金(扣除不列入计税范围的工程设备金额)	(1+2+3+4)×规定税率	
投标报价合计 = 1 + 2 + 3 + 4 + 5			

表3-7　竣工结算计价程序

工程名称：　　　　　　　　　　　　　标段：

序号	汇总内容	计算方法	金额(元)
1	分部分项工程	按合同约定计算	
1.1			
1.2			
1.3			
1.4			
1.5			
2	措施项目	按合同约定计算	
2.1	其中:安全文明施工费	按规定标准计算	
3	其他项目		
3.1	其中:专业工程结算价	按合同约定计算	
3.2	其中:计日工	按计日工签证计算	
3.3	其中:总承包服务费	按合同约定计算	
3.4	索赔与现场签证	按发承包双方确认数额计算	
4	规费	按规定标准计算	
5	税金(扣除不列入计税范围的工程设备金额)	$(1+2+3+4)\times$规定税率	

竣工结算总价合计 $=1+2+3+4+5$

复习思考题

1.建设项目费用由哪几部分构成?

2.工程建设其他费用包括哪些?

3.根据《住房和城乡建设部、财政部关于印发〈建筑安装工程费用项目组成〉的通知》(建标〔2013〕44号)的规定,简述建设单位工程招标控制价计价程序、施工企业工程投标报价计价程序及竣工结算计价程序。

4.措施项目费是什么?包括哪些内容?

5.企业管理费包括哪些费用?

6. 建筑安装工程人工费包括哪些内容?

7. 材料费是什么?,包括哪些内容?

8. 施工机具使用费是什么? 包括哪些内容?

9. 规费是什么? 包括哪些内容?

学习项目4　装饰工程工程量清单编制

【教学要求】

通过对本项目内容的学习,了解建筑装饰工程工程量清单的概念、意义以及清单计价的作用和特点,熟悉工程量清单计价的主要内容,掌握工程量清单的编制、工程量清单计价的方法。能熟练识读并填写工程量清单及计价的各种表格,能够根据施工图,编制工程量清单,能够根据工程量清单,运用工程量清单计价方法,准确确定工程造价。

任务4.1　工程量清单概述

1　工程量清单的概念

工程量清单(Bill Of Quantity,简称 BOQ)是在 19 世纪 30 年代产生的,西方国家把计算工程量、提供工程量清单作为业主估价师的职责,所有的投标都要以业主提供的工程量清单为基础,从而使得最后的投标结果具有可比性。工程量清单报价是建设工程招投标工作中,由招标人按国家统一的工程量计算规则提供工程数量,由投标人自主报价,并按照经评审低价中标的工程造价计价模式。

工程量清单是指建设工程的分部分项工程项目、措施项目、其他项目、规费项目和税金项目的名称和相应数量等的明细清单。它由分部分项工程量清单、措施项目清单、其他项目清单、规费项目清单和税金项目清单等内容组成。

工程量清单由招标人或由招标人委托具有相应资质的中介机构进行编制。采用工程量清单方式招标,工程量清单必须作为招标文件的组成部分,其准确性和完整性由招标人负责。

2　工程量清单计价规范简介

《建设工程工程量清单计价规范》(简称"2013 版计价规范")(Code of valuation with bill quantity of construction works)(GB 50500—2013),由中华人民共和国住房和城乡建设部、中华人民共和国国家质量监督检验检疫总局于 2012 年 12 月 25 日联合发布,2013 年 7 月 1 日起施行。

"2013 版计价规范"由"2008 规范"的六个专业(建筑、装饰、安装、市政、园林、矿山)精细化调整为九个专业:

(1)房屋建筑与装饰工程;

(2)仿古建筑工程;

(3)通用安装工程;

(4)市政工程;

(5)园林绿化工程;

（6）矿山工程；

（7）构筑物工程；

（8）城市轨道交通工程；

（9）爆破工程。

"2013 版计价规范"包括总则、术语、一般规定、招标工程量清单编制、招标控制价、投标报价、合同价款约定、工程计量、合同价款调整、合同价款中期支付、竣工结算与支付、合同解除的价款结算与支付、合同价款争议的解决、工程造价鉴定、工程计价资料与档案，以及工程计价表格，共 16 章。

2.1　总则

总则有 7 条。对规范的目的、依据、适用范围、工程造价费用组成、工程造价文件编制与核对的承担人、工程计价的基本原则等加以说明。

（1）为规范工程造价计价行为，统一建设工程计价文件的编制原则和计价方法，根据《中华人民共和国建筑法》《中华人民共和国合同法》《中华人民共和国招标投标法》，制定本规范。

（2）本规范适用于建设工程发承包及其实施阶段的计价活动。

（3）建设工程发承包及其实施阶段的工程造价由分部分项工程费、措施项目费、其他项目费、规费和税金组成。

（4）招标工程量清单、招标控制价、投标报价、工程计量、合同价款调整、合同价款结算与支付以及工程造价鉴定等工程造价文件的编制与核对应由具有专业资格的工程造价人员承担。

（5）承担工程造价文件的编制与核对的工程造价人员及其所在单位，应对工程造价文件的质量负责。

（6）建设工程发承包及其实施阶段的计价活动应遵循客观、公正、公平的原则。

（7）建设工程发承包及其实施阶段的计价活动，除应遵守本规范外，尚应符合国家现行有关标准的规定。

2.2　术语

术语有 52 条。对本规范特有的工程量清单、招标工程量清单、已标价工程量清单、分部分项工程、措施项目、项目编码、项目特征、综合单价等 52 个术语给出定义或含义。

（1）工程量清单。载明建设工程分部分项工程项目、措施项目、其他项目的名称和相应数量以及规费、税金项目等内容的明细清单。

（2）招标工程量清单。招标人依据国家标准、招标文件、设计文件以及施工现场实际情况编制的，随招标文件发布供投标报价的工程量清单，包括其说明和表格。

（3）已标价工程量清单。构成合同文件组成部分的投标文件中已标明价格，经算术性错误修正（如有）且承包人已确认的工程量清单，包括其说明和表格。

（4）分部分项工程。分部工程是单项或单位工程的组成部分，是按结构部位、路段长度及施工特点或施工任务将单项或单位工程划分为若干分部的工程；分项工程是分部工程的组成部分，是按不同施工方法、材料、工序及路段长度等将分部工程划分为若干个分项或项目的工程。

（5）措施项目。为完成工程项目施工,发生于该工程施工准备和施工过程中的技术、生活、安全、环境保护等方面的项目。

（6）项目编码。分部分项工程和措施项目清单名称的阿拉伯数字标识。

（7）项目特征。构成分部分项工程项目、措施项目自身价值的本质特征。

（8）综合单价。完成一个规定清单项目所需的人工费、材料和工程设备费、施工机具使用费和企业管理费、利润以及一定范围内的风险费用。

（9）风险费用。隐含于已标价工程量清单综合单价中,用于化解发承包双方在工程合同中约定内容和范围内的市场价格波动风险的费用。

（10）工程成本。承包人为实施合同工程并达到质量标准,在确保安全施工的前提下,必须消耗或使用的人工、材料、工程设备、施工机械台班及其管理等方面发生的费用和按规定缴纳的规费和税金。

（11）单价合同。发承包双方约定以工程量清单及其综合单价进行合同价款计算、调整和确认的建设工程施工合同。

（12）总价合同。发承包双方约定以施工图及其预算和有关条件进行合同价款计算、调整和确认的建设工程施工合同。

（13）成本加酬金合同。发承包双方约定以施工工程成本再加合同约定酬金进行合同价款计算、调整和确认的建设工程施工合同。

（14）工程造价信息。工程造价管理机构根据调查和测算发布的建设工程人工、材料、工程设备、施工机械台班的价格信息,以及各类工程的造价指数、指标。

（15）工程造价指数。反映一定时期的工程造价相对于某一固定时期的工程造价变化程度的比值或比率。包括按单位或单项工程划分的造价指数,按工程造价构成要素划分的人工、材料、机械等价格指数。

（16）工程变更。合同工程实施过程中由发包人提出或由承包人提出经发包人批准的合同工程任何一项工作的增、减、取消或施工工艺、顺序、时间的改变;设计图纸的修改;施工条件的改变;招标工程量清单的错、漏,从而引起合同条件的改变或工程量的增减变化。

（17）工程量偏差。承包人按照合同工程的图纸(含经发包人批准由承包人提供的图纸)实施,按照现行国家计量规范规定的工程量计算规则计算得到的完成合同工程项目应予计量的工程量与相应的招标工程量清单项目列出的工程量之间出现的量差。

（18）暂列金额。招标人在工程量清单中暂定并包括在合同价款中的一笔款项。用于工程合同签订时尚未确定或者不可预见的所需材料、工程设备、服务的采购,施工中可能发生的工程变更、合同约定调整因素出现时的合同价款调整以及发生的索赔、现场签证确认等的费用。

（19）暂估价。招标人在工程量清单中提供的用于支付必然发生但暂时不能确定价格的材料、工程设备的单价以及专业工程的金额。

（20）计日工。在施工过程中,承包人完成发包人提出的工程合同范围以外的零星项目或工作,按合同中约定的单价计价的一种方式。

（21）总承包服务费。总承包人为配合协调发包人进行的专业工程发包,对发包人自行采购的材料、工程设备等进行保管以及施工现场管理、竣工资料汇总整理等服务所需的费用。

（22）安全文明施工费。在合同履行过程中,承包人按照国家法律、法规、标准等规定,为保证安全施工、文明施工,保护现场内外环境和搭拆临时设施等所采取的措施而发生的费用。

（23）索赔。在工程合同履行过程中,合同当事人一方因非己方的原因而遭受损失,按合同约定或法律法规规定应由对方承担责任,从而向对方提出补偿的要求。

（24）现场签证。发包人现场代表(或其授权的监理人、工程造价咨询人)与承包人现场代表就施工过程中涉及的责任事件所做的签认证明。

（25）提前竣工(赶工)费。承包人应发包人的要求而采取加快工程进度措施,使合同工程工期缩短,由此产生的应由发包人支付的费用。

（26）误期赔偿费。承包人未按照合同工程的计划进度施工,导致实际工期超过合同工期(包括经发包人批准的延长工期),承包人应向发包人赔偿损失的费用。

（27）不可抗力。发承包双方在工程合同签订时不能预见的,对其发生的后果不能避免,并且不能克服的自然灾害和社会性突发事件。

（28）工程设备。指构成或计划构成永久工程一部分的机电设备、金属结构设备、仪器装置及其他类似的设备和装置。

（29）缺陷责任期。指承包人对已交付使用的合同工程承担合同约定的缺陷修复责任的期限。

（30）质量保证金。发承包双方在工程合同中约定,从应付合同价款中预留,用以保证承包人在缺陷责任期内履行缺陷修复义务的金额。

（31）费用。承包人为履行合同所发生或将要发生的所有合理开支,包括管理费和应分摊的其他费用,但不包括利润。

（32）利润。承包人完成合同工程获得的盈利。

（33）企业定额。施工企业根据本企业的施工技术、机械装备和管理水平而编制的人工、材料和施工机械台班等的消耗标准。

（34）规费。根据国家法律、法规规定,由省级政府或省级有关权力部门规定施工企业必须缴纳的,应计入建筑安装工程造价的费用。

（35）税金。国家税法规定的应计入建筑安装工程造价内的营业税、城市维护建设税、教育费附加和地方教育附加。

（36）发包人。具有工程发包主体资格和支付工程价款能力的当事人以及取得该当事人资格的合法继承人,本规范有时又称招标人。

（37）承包人。被发包人接受的具有工程施工承包主体资格的当事人以及取得该当事人资格的合法继承人,有时又称投标人。

（38）工程造价咨询人。取得工程造价咨询资质等级证书,接受委托从事建设工程造价咨询活动的当事人以及取得该当事人资格的合法继承人。

（39）造价工程师。取得造价工程师注册证书,在一个单位注册、从事建设工程造价活动的专业人员。

（40）造价员。取得全国建设工程造价员资格证书,在一个单位注册、从事建设工程造价活动的专业人员。

（41）单价项目。工程量清单中以单价计价的项目,即根据合同工程图纸(含设计变更)和相关工程现行国家计量规范规定的工程量计算规则进行计量,与已标价工程量清单相应综合单价进行价款计算的项目。

（42）总价项目。工程量清单中以总价计价的项目,即此类项目在相关工程现行国家计量规范中无工程量计算规则,以总价(或计算基础乘费率)计算的项目。

（43）工程计量。发承包双方根据合同约定,对承包人完成合同工程的数量进行的计算和确认。

（44）工程结算。发承包双方根据合同约定,对合同工程在实施中、终止时、已完工后进行的合同价款计算、调整和确认。包括期中结算、终止结算、竣工结算。

（45）招标控制价。招标人根据国家或省级、行业建设主管部门颁发的有关计价依据和办法,以及拟定的招标文件和招标工程量清单,结合工程具体情况编制的招标工程的最高投标限价。

（46）投标价。投标人投标时响应招标文件要求所报出的对已标价工程量清单标明的总价。

（47）签约合同价(合同价款)。发承包双方在工程合同中约定的工程造价,即包括了分部分项工程费、措施项目费、其他项目费、规费和税金的合同总金额。

（48）预付款。在开工前,发包人按照合同约定,预先支付给承包人用于购买合同工程施工所需的材料、工程设备,以及组织施工机械和人员进场等的款项。

（49）进度款。在合同工程施工过程中,发包人按照合同约定对付款周期内承包人完成的合同价款给予支付的款项,也是合同价款期中结算支付。

（50）合同价款调整。在合同价款调整因素出现后,发承包双方根据合同约定,对合同价款进行变动的提出、计算和确认。

（51）竣工结算价。发承包双方依据国家有关法律、法规和标准规定,按照合同约定确定的,包括在履行合同过程中按合同约定进行的合同价款调整,是承包人按合同约定完成了全部承包工作后,发包人应付给承包人的合同总金额。

（52）工程造价鉴定。工程造价咨询人接受人民法院、仲裁机关委托,对施工合同纠纷案件中的工程造价争议,运用专门知识进行鉴别、判断和评定,并提供鉴定意见的活动。也称为工程造价司法鉴定。

2.3　一般规定

一般规定对建设工程的计价方式、发包人提供的材料和工程设备、承包人提供的材料和工程设备以及计价风险进行了相应规定。

2.4　招标工程量清单编制

工程量清单编制部分的内容共有6节19条,主要包括工程量清单编制的一般规定、分部分项工程项目、措施项目、其他项目、规费和税金。

2.4.1　一般规定

招标工程量清单应由具有编制能力的招标人或受其委托,具有相应资质的工程造价咨询人或招标代理人编制。招标工程量清单必须作为招标文件的组成部分,其准确性和完整性由招标人负责。

工程量清单的作用:招标工程量清单是工程量清单计价的基础,应作为编制招标控制价、投标报价、计算或调整工程量、施工索赔等的依据之一。招标工程量清单应以单位(项)工程为单位编制,由分部分项工程项目清单、措施项目清单、其他项目清单、规费和税金项目清单组成。

招标工程量清单编制的依据:

(1)本规范和相关工程的国家计量规范;

(2)国家或省级、行业建设主管部门颁发的计价定额和办法;

(3)建设工程设计文件及相关资料;

(4)与建设工程有关的标准、规范、技术资料;

(5)拟定的招标文件;

(6)施工现场情况、地勘水文资料、工程特点及常规施工方案;

(7)其他相关资料。

2.4.2 分部分项工程项目

分部分项工程项目清单必须载明项目编码、项目名称、项目特征、计量单位和工程量。分部分项工程项目清单必须根据相关工程现行国家计量规范规定的项目编码、项目名称、项目特征、计量单位和工程量计算规则进行编制。

2.4.3 措施项目

措施项目清单必须根据相关工程现行国家计量规范的规定编制。措施项目清单应根据拟建工程的实际情况列项。

2.4.4 其他项目

其他项目清单包括暂列金额、暂估价(包括材料暂估单价、工程设备暂估单价、专业工程暂估价)、计日工和总承包服务费。

2.4.5 规费

规费项目清单包括社会保险费(包括养老保险费、失业保险费、医疗保险费、工伤保险费、生育保险费)、住房公积金和工程排污费。

2.4.6 税金

税金项目清单包括营业税、城市维护建设税、教育费附加和地方教育附加。

2.5 招标控制价

招标控制价包括招标控制价的一般规定、编制与复核、投诉与处理,共3节21条。

2.6 投标报价

投标报价包括投标报价的一般规定以及投标报价的编制与复核,共2节13条。

2.7 合同价款约定

合同价款约定包括合同价款约定一般规定及约定内容,共2节5条。

2.8 工程计量

工程计量包括工程计量的一般规定、单价合同的计量及总价合同的计量,共3节15条。

2.9 合同价款调整

合同价款调整包括合同价款调整的一般规定、法律法规变化、工程变更、项目特征描述不符、工程量清单缺项、工程量偏差、计日工、现场签证、物价变化、暂估价、不可抗力、提前竣工(赶工补偿)、误期赔偿、索赔、暂列金额等,共 15 节 59 条。

2.10　合同价款中期支付

合同价款中期支付包括预付款、安全文明施工费、进度款,共 3 节 24 条。

2.11　竣工结算与支付

竣工结算与支付包括竣工结算与支付的一般规定、编制与复核、竣工结算、结算款支付、质量保证金、最终结清等,共 6 节 35 条。

2.12　合同解除的价款结算与支付

合同解除的价款结算与支付部分的内容有 1 节 4 条。

2.13　合同价款争议的解决

合同价款争议的解决包括监理或造价工程师暂定、管理机构的解释或认定、协商和解、调解、仲裁与诉讼,共 5 节 19 条。

2.14　工程造价鉴定

工程造价鉴定包括工程造价鉴定的一般规定、取证、鉴定,共 3 节 19 条。

2.15　工程计价资料与档案

工程计价资料与档案包括计价资料、计价档案,共 2 节 13 条。

2.16　工程计价表格

工程计价表格部分的内容有 1 节 6 条。

任务 4.2　工程量清单编制

工程量清单由分部分项工程量清单、措施项目清单、其他项目清单、规费项目清单和税金项目清单组成。

1　工程量清单编制原则

1.1　符合《建设工程工程量清单计价规范》

项目分项类别、分项名称、清单分项编码、计量单位、项目特征和工程内容等,都必须符合《建设工程工程量清单计价规范》的规定和要求。

1.2　项目设置要遵循"五统一"原则

编制分部分项工程量清单应满足规定的要求。工程量清单的项目设置要遵循"五统一"的原则,即:

(1)项目编码要统一。项目编码是为工程造价信息全国共享而设的,因此要求全国统一。

(2)项目名称要统一。项目设置的原则之一是不能重复,一个项目只有一个编码,只有一个对应的综合单价。完全相同的项目,只能汇总后列一个项目。

(3)项目特征要统一。项目特征是构成分部分项工程量清单项目、措施项目自身价值的本质特征。

(4)计量单位要统一。按照国际惯例,工程量的计量单位均采用基本单位计量,编制清单或报价时一定要以规范规定的计量单位计量。

（5）工程量计算规则要统一。工程量计算规则是对分部分项工程实物量的计算规定。招标人必须按该规则计算工程实物量，投标人也应按同一规则校核工程实物量。每一个清单项目都有一个相应的工程量计算规则，这个规则全国统一。

1.3 满足建设工程施工招投标的要求

要满足建设工程施工招投标的要求，能够对工程造价进行合理的确定和有效的控制。

1.4 符合工程量实物分项与描述准确的原则

招标人向投标人所提供的清单，必须与设计的施工图纸相符合，能充分体现设计意图，充分反映施工现场的现实施工条件，为投标人能够合理报价创造有利条件。

2 分部分项工程量清单

分部分项工程量清单的 5 个组成要件是项目编码、项目名称、项目特征、计量单位和工程量计算规则，并且这 5 个要件在分部分项工程量清单的组成中缺一不可。

2.1 编制要求

分部分项工程量清单应根据《建设工程工程量清单计价规范》（GB 50500—2013）规定的项目编码、项目名称、项目特征、计量单位和工程量计算规则进行编制。

2.2 项目编码

项目编码是分部分项工程量清单项目名称的数字标志。分部分项工程量清单项目编码采用 12 位阿拉伯数字表示，采用五级编码制。前四级规范统一到一至九位，为全国统一编码。编制分部分项工程量清单时，应按《建设工程工程量清单计价规范》附录中的相应编码设置，不得变动。第五级编码，即最后三位是具体的清单项目名称顺序码，由清单编制人员根据具体工程的清单项目特征自行编制，并应自 001 起顺序编制。同一招标工程的项目编码不得有重码。工程量清单项目编码含义示意图如图 4-1 所示。

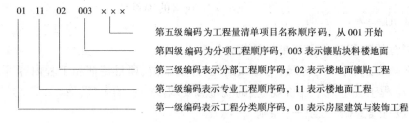

图 4-1 工程量清单项目编码含义示意图

图 4-1 中各级编码代表的含义是：

（1）第一级（第一、二位）编码表示工程分类顺序码。01 为房屋建筑与装饰工程、02 为仿古建筑工程、03 为通用安装工程、04 为市政工程、05 为园林绿化工程……

（2）第二级（第三、四位）编码表示专业工程顺序码。如在房屋建筑与装饰工程中，用 11、12、13 分别表示楼地面工程、墙柱面工程、天棚工程的顺序码，与前级代码结合表示则分别为 0111、0112、0113。

（3）第三级（第五、六位）编码表示分部工程顺序码。如楼地面工程又分楼地面抹灰、楼地面镶贴、橡塑面层等，分别用 01、02、03 表示，加上前面代码则分别为 011101、011102、

011103。

(4)第四级(第七~九位)编码表示分项工程顺序码。如楼地面抹灰又分为水泥砂浆楼地面、现浇水磨石楼地面、细石混凝土楼地面等,分别用001、002、003表示,加上前面代码则分别为011101001、011101002、011101003。

(5)第五级(第十~十二位)编码表示工程量清单项目名称顺序码,又称识别码。如水泥砂浆楼地面中面层砂浆配合比不同,分别编码为011101001001、011101001002等。

当同一标段的一份工程量清单中含有多个单项或单位工程,且工程量清单是以单位工程为编制对象时,在编制工程量清单时应特别注意对项目编码第十~十二位的设置不得有重码的规定。例如,一个标段的工程量清单中含有3个单位工程,每一单位工程中都有项目特征相同的金属格栅窗,在工程量清单中又需要反映3个不同单位工程的金属格栅窗时,此时工程量清单应以单位工程为编制对象,则第一个单位工程的金属格栅窗的项目编码应为010807005001,第二个单位工程的金属格栅窗的项目编码应为010807005002,第三个单位工程的金属格栅窗的项目编码应为010807005003,并分别列出各单位工程金属格栅窗的工程量。

2.3　项目名称

分部分项工程量清单项目名称应按现行《建设工程工程量清单计价规范》附录的项目名称结合拟建工程的实际确定。如"墙面一般抹灰"这一分项工程在形成工程量清单项目名称时可以细化为"外墙面抹灰""内墙面抹灰"等。清单项目名称应表达详细、准确。计价规范中的分项工程项目名称如有缺陷,招标人可进行补充,并报当地工程造价管理机构(省级)备案。

2.4　项目特征

项目特征是对项目的准确描述,是确定一个清单项目综合单价不可缺少的重要依据,是区分清单项目的依据,是履行合同义务的基础,是确定综合单价的前提。

分部分项工程量清单项目特征应按附录中规定的项目特征,结合技术规范、标准图集、施工图纸以及拟建工程项目的实际,按照工程结构、使用材质及规格或安装位置、方式等予以详细、准确的描述,满足确定综合单价的需要。在进行项目特征描述时,可掌握以下要点:

(1)必须描述的内容:①涉及正确计量的内容,如门窗洞口尺寸或框外围尺寸;②涉及结构要求的内容,如抹灰砂浆的配合比;③涉及材质要求的内容,如油漆的品种、门窗的材质等;④涉及安装方式的内容,如幕墙的安装方式等。

(2)可不描述的内容:①对计量计价没有实质影响的内容,如抹灰工程的墙体高度、墙厚等特征可以不描述;②应由投标人根据施工方案确定的内容;③应由投标人根据当地材料和施工要求确定的内容,如砂浆中的砂的种类的特征规定;④应由施工措施解决的内容等。

(3)可不详细描述的内容:①无法准确描述的内容,如土壤类别,可考虑将土壤类别描述为综合,注明由投标人根据地勘资料自行确定土壤类别,决定报价;②施工图纸、标准图集标注明确的,对这些项目可描述为见××图集××页号及节点大样等;③清单编制人在项目特征描述中应注明由投标人自定的等。

2.5　计量单位

计量单位应采用基本单位,应按现行《建设工程工程量清单计价规范》附录中规定的计量单位确定。除各专业另有特殊规定外均按以下单位计量：

(1)以质量计算的项目——吨或千克(t 或 kg)。

(2)以体积计算的项目——立方米(m^3)。

(3)以面积计算的项目——平方米(m^2)。

(4)以长度计算的项目——米(m)。

(5)以自然计量单位计算的项目——个、套、块、樘、组、台……

(6)没有具体数量的项目——宗、项……

各专业有特殊计量单位的，另外加以说明，当计量单位有两个或两个以上时，应根据所编工程量清单项目的特征要求，选择最适宜表现该项目特征并方便计量的单位。

分部分项工程量清单的计量单位的有效位数应遵守下列规定：

(1)以"吨"为单位，应保留三位小数，第四位小数四舍五入。

(2)以"立方米""平方米""米""千克"为单位，应保留两位小数，第三位小数四舍五入。

(3)以自然计量单位"个""套"或"项"等为单位，应取整数。

2.6 工程量计算规则

分部分项工程量清单的工程量应按《房屋建筑与装饰工程工程量计算规范》(GB 50854—2013)附录中规定的工程量计算规则计算。

工程量清单计价规范的附录中给出了房屋建筑与装饰工程、仿古建筑工程、通用安装工程、市政工程等工程量的计算规则，其中《房屋建筑与装饰工程工程量计算规范》(GB 50854—2013)中附录 K 至附录 O 为装饰装修工程量清单项目及计算规则，适用于工业与民用建筑物和构筑物的装饰装修工程。装饰装修工程的实体项目包括楼地面工程、墙(柱)面工程、天棚工程、门窗工程、油漆涂料裱糊工程以及其他工程。

2.7 补充项目

编制工程量清单出现附录中未包括的项目，编制人应作补充，并报省级或行业工程造价管理机构备案，省级或行业工程造价管理机构应汇总报住房和城乡建设部标准定额研究所。

补充项目的编码由附录的顺序码与 B 和 3 位阿拉伯数字组成，并应从 ×B001 起顺序编制，同一招标工程的项目不得重码。工程量清单中需附有补充项目的名称、项目特征、计量单位、工程量计算规则、工程内容。编制人在编制补充项目时应注意以下几个方面：

(1)补充项目的编码必须按 GB 50854—2013 的规定进行，即由附录的顺序码(01、02、03…)与 B 和 3 位阿拉伯数字组成。

(2)在工程量清单中应附补充项目的项目名称、项目特征、计量单位、工程量计算规则和工作内容。

(3)将编制的补充项目报省级或行业工程造价管理机构备案。

3 措施项目清单

工程量清单计价规范将工程实体项目划分为分部分项工程量清单项目，非实体项目划分为措施项目。措施项目是指为完成工程项目施工，发生于该工程施工准备和施工过程中的技术、生活、安全、环境保护等方面的非工程实体项目。

措施项目清单的编制应考虑多种因素,除工程本身的因素外,还涉及水文、气象、环境、安全和施工企业的实际情况等。

措施项目清单应根据拟建工程的实际情况列项。措施项目中应列出项目编码、项目名称、项目特征、计量单位和工程量计算规则。措施项目仅列出项目编码、项目名称,未列出项目特征、计量单位和工程量计算规则的项目,编制工程量清单时,应按 GB 50854—2013 附录 Q 措施项目规定的项目编码、项目名称确定。

措施项目清单有通用措施项目和专业工程措施项目。通用措施项目可按表 4-1 选择列项,装饰装修专业工程措施项目可按 GB 50854—2013 附录中规定的项目选择列项,具体见表4-2。若出现 GB 50854—2013 未列的项目,可根据工程实际情况补充。

表 4-1　通用措施项目一览表

序号	项目名称
1	安全文明施工(含环境保护、文明施工、安全施工、临时设施)
2	夜间施工
3	二次搬运
4	冬雨季施工
5	大型机械设备进出场及安拆
6	施工排水
7	施工降水
8	地上、地下设施,建筑物的临时保护设施
9	已完工程及设备保护

表 4-2　装饰装修专业工程措施项目一览表

序号	项目名称
2.1	脚手架
2.2	垂直运输机械
2.3	室内空气污染测试

措施项目中可以计算工程量的项目清单宜采用分部分项工程量清单的方式编制,列出项目编码、项目名称、项目特征、计量单位和工程量计算规则;不能计算工程量的项目清单,以"项"为计量单位。措施项目清单为可调整清单,投标人要对拟建工程可能发生的措施项目和措施费用作通盘考虑,并可根据企业自身特点,对招标文件中所列的项目进行适当的变更增减。清单一经报出,即被认为是包括了所有应该发生的措施项目的全部费用。如果报出的清单中没有列项,且施工中又必须发生的项目,业主有权认为,其已经综合在综合单价中。

4 其他项目清单的编制

其他项目清单按暂列金额、暂估价、计日工、总承包服务费列项。工程建设标准的高低、工程的复杂程度、工期的长短、工程的组成内容等直接影响其他项目清单中的具体内容。其他项目清单的内容可根据工程实际情况补充。

4.1 暂列金额

暂列金额是招标人在工程量清单中暂定并包括在合同价款中的一笔款项。用于施工合同签订时尚未确定或者不可预见的所需材料、设备、服务的采购,施工中可能发生的工程变更,合同约定调整因素出现时的工程价款调整,以及发生的索赔、现场签证确认等费用。

4.2 暂估价

暂估价是招标人在工程量清单中提供的用于支付必然发生但暂时不能确定价格的材料的单价以及专业工程的金额。在招标阶段预见肯定要发生,只是因为标准不明确或者需要由专业承包人完成,暂时无法确定其价格或金额。

暂估价包括材料暂估单价、专业工程暂估价。一般而言,为方便合同管理和计价,需要纳入分部分项工程量清单项目综合单价中的暂估价最好只是材料费,以方便投标人组价。专业工程暂估价以"项"为计量单位,一般应是综合暂估价,应当包括除规费、税金以外的管理费、利润等。

4.3 计日工

计日工是为了解决现场发生的零星工作的计价而设立的。计日工是指在施工过程中完成发包人提出的施工图纸以外的零星项目或工作,按合同中约定的综合单价计价。计日工以完成零星工作所消耗的人工工时、材料数量、机械台班进行计量,并按照计日工表中填报的适用项目的单价进行计价支付。计日工适用的所谓零星工作一般是指合同约定之外的或者因变更而产生的、工程量清单中没有相应项目的额外工作。

为了获得合理的计日工单价,计日工表中一定要给出暂定数量,并且需要根据经验,尽可能估算一个比较贴近实际的数量。

4.4 总承包服务费

总承包服务费是为了解决招标人在法律、法规允许的条件下进行专业工程发包以及自行采购供应材料、设备时,要求总承包人对发包的专业工程提供协调和配合服务;对供应的材料、设备提供收、发和保管服务以及对施工现场进行统一管理;对竣工资料进行统一汇总整理等发生并向总承包人支付的费用。招标人应当预计该项费用并按投标人的投标报价向投标人支付该项费用。

总承包服务费中招标人填写的内容随招标文件发至投标人,其项目、数量、金额等投标人不得随意改动。

编制其他项目清单,出现规范未列项目时,清单编制人可做补充,补充项目应列在其他项目清单最后,并以"补"字在"序号"栏中表示。

5 规费项目清单

规费是指根据省级政府或省级有关权力部门规定必须缴纳的,应计入建筑安装工程

造价的费用。如出现以下内容未列的项目,应根据省级政府或省级权力部门的规定列项。规费的内容如下:

  (1)工程排污费。

  (2)社会保障费。包括养老保险费、失业保险费、医疗保险费。

  (3)住房公积金。

  (4)危险作业意外伤害保险。

6 税金项目清单

  税金项目清单是指国家税法规定的应计入建筑安装工程造价内的增值税额,按税前造价乘以增值税税率确定。

7 工程量清单及计价格式(部分)

7.1 封面(封-1)

  工程量清单格式——封面如图4-2所示。

封-1

_____工程

工 程 量 清 单

招 标 人:_____   咨 询 人:_____

     (单位盖章)   (单位资质专用章)

法定代表人   法定代表人

或其授权人:_____   或其授权人:_____

     (签字或盖章)   (签字或盖章)

编 制 人:_____   复 核 人:_____

   (造价人员签字盖专用章)   (造价工程师签字盖专用章)

编制时间: 年 月 日   复核时间: 年 月 日

图 4-2 工程量清单格式——封面

7.2　招标控制价(封-2)

工程量清单格式——招标控制价如图4-3所示。

封-2

_____工程
招 标 控 制 价

招标控制价(小写):_____

(大写):_____

工程造价

招标人:_____ 咨询人:_____

　　　(单位盖章)　　　　　　　　　　　　　　(单位资质专用章)

法定代表人　　　　　　　　　　法定代表人
或其授权人:_____　　或其授权人:_____

　　　(签字或盖章)　　　　　　　　　　　(签字或盖章)

编 制 人:_____　　复 核 人:_____

　　(造价人员签字盖专用章)　　　　　　(造价工程师签字盖专用章)

编制时间:　　年　月　日　　复核时间:　　年　月　日

图4-3　工程量清单格式——招标控制价

7.3 投标总价(封-3)

工程量清单格式——投标总价如图4-4所示。

封-3

投 标 总 价

招 标 人:＿＿＿＿＿＿＿＿＿＿＿＿＿＿＿＿＿

工 程 名 称:＿＿＿＿＿＿＿＿＿＿＿＿＿＿

投标总价(小写):＿＿＿＿＿＿＿＿＿＿＿＿＿

　　　　(大写):＿＿＿＿＿＿＿＿＿＿＿＿＿

投 标 人:＿＿＿＿＿＿＿＿＿＿＿＿＿＿＿＿＿

(单位盖章)

法定代表人

或其授权人:＿＿＿＿＿＿＿＿＿＿＿＿＿＿＿＿＿

(签字或盖章)

编 制 人:＿＿＿＿＿＿＿＿＿＿＿＿＿＿＿＿＿

(造价人员签字盖专用章)

图4-4 工程量清单格式——投标总价

7.4 竣工结算总价(封 –4)

工程单清单格式——竣工结算总价如图 4-5 所示。

封 – 4

＿＿＿＿＿＿＿＿工程
竣工结算总价

中标价(小写)：＿＿＿＿＿＿＿　　　　(大写)：＿＿＿＿＿＿＿

结算价(小写)：＿＿＿＿＿＿＿　　　　(大写)：＿＿＿＿＿＿＿

发 包 人：＿＿＿＿＿　　承 包 人：＿＿＿＿＿　　咨询人＿＿＿＿＿

　(单位盖章)　　　　　　　(单位盖章)　　　　　　(单位资质专用章)

法定代表人　　　　　　法定代表人　　　　　　法定代表人
或其授权人：＿＿＿＿＿　或其授权人：＿＿＿＿＿　或其授权人：＿＿＿＿＿

　(签字或盖章)　　　　　　(签字或盖章)　　　　　　(签字或盖章)

　编 制 人：＿＿＿＿＿＿＿＿　　　核 对 人：＿＿＿＿＿＿＿＿

　(造价人员签字盖专用章)　　　　　(造价工程师签字盖专用章)

　编制时间：　　年　月　日　　　　核对时间：　　年　月　日

图 4-5　工程量清单格式——竣工结算总价

7.5　总说明

工程量清单格式——总说明如图4-6所示。

工程名称　　　　　　　　　　　　　　　　　　　　　　　　　　第　页　共　页

总说明包括的内容：

(1)工程量清单的编制依据；

(2)工程概况(包括建设规模、工程特征、计划开竣工日期、施工场地情况、自然地理条件、地理环境以及交通、通信、供水、供电现状等)；

(3)工程发包范围和分包范围；

(4)工程质量、材料设备、施工等的特殊要求；

(5)安全文明施工(包括环境保护、文明施工、安全施工、临时设施)的要求；

(6)总承包人需要提供的专业分包服务要求和内容以及应计算总承包服务费的专业工程合同价款总计；

(7)其他

图4-6　工程量清单格式——总说明

7.6　分部分项工程量清单与计价表

分部分项工程量清单与计价表见表4-3。

表4-3　分部分项工程量清单与计价表

工程名称：　　　　　　　　　　标段：　　　　　　　　　　第　页共　页

序号	项目编码	项目名称	项目特征描述	计量单位	工程量	金额(元)		
						综合单价	合价	其中：暂估价

注：根据建设部、财政部发布的《建筑安装工程费用组成》(建标〔2003〕206号)的规定,为计取规费等的使用,可在表中增设其中："直接费""人工费"或"人工费 + 机械费"。

7.7 措施项目清单与计价表(一)

措施项目清单与计价表(一)见表4-4。

表4-4 措施项目清单与计价表(一)

工程名称:　　　　　　　　　　标段:　　　　　　　　第　页共　页

序号	项目名称	计算基础	费率(%)	金额(元)
合计				

注:1.本表适用于以"项"计价的措施项目。

　　2.根据建设部、财政部发布的《建筑安装工程费用组成》(建标〔2003〕206号)的规定,"计算基础"可为"直接费""人工费"或"人工费 + 机械费"。

7.8 措施项目清单与计价表(二)

措施项目清单与计价表(二)见表4-5。

表4-5 措施项目清单与计价表(二)

工程名称:　　　　　　　　　　标段:　　　　　　　　第　页共　页

序号	项目编码	项目名称	项目特征描述	计量单位	工程量	金额(元)	
						综合单价	合价
					本页小计		
					合计		

注:本表适用于以"计量"计价的措施项目。

7.9 工程量清单综合单价分析表

工程量清单综合单价分析表见表4-6。

表4-6 工程量清单综合单价分析表

工程名称: 　　　　　　　　　　标段: 　　　　　　　第 页 共 页

项目编码		项目名称			计量单位					

清单综合单价组成明细

定额编号	定额名称	定额单位	数量	单价				合价			
				人工费	材料费	机械费	管理费和利润	人工费	材料费	机械费	管理费和利润
人工单价				小计							
元/工日				未计价材料费							
清单项目综合单价											

材料费明细	主要材料名称、规格、型号	单位	数量	单价（元）	合价（元）	暂估单价（元）	暂估合价（元）
	其他材料费			—		—	
	材料费小计			—		—	

注:1. 如不使用省级或行业建设主管部门发布的计价依据,可不填定额项目、编号等。

　　2. 招标文件提供了暂估单价的材料,按照暂估的单价填入表内"暂估单价"栏及"暂估合价"栏。

7.10 其他项目清单与计价汇总表

其他项目清单与计价汇总表见表4-7。

表4-7 其他项目清单与计价汇总表

工程名称: 　　　　　　　　　　标段: 　　　　　　　第 页 共 页

序号	项目名称	计量单位	金额(元)	备注
1	暂列金额			明细详见表4-8
2	暂估价			
2.1	材料暂估价			明细详见表4-9
2.2	专业工程暂估价			明细详见表4-10
3	计日工			明细详见表4-11
4	总承包服务费			明细详见表4-12
	合计			—

注:材料暂估单价进入清单项目综合单价,此处不汇总。

7.11 暂列金额明细表

暂列金额明细表见表4-8。

表4-8 暂列金额明细表

工程名称： 标段： 第 页共 页

序号	项目名称	计量单位	暂列金额(元)	备注
1				
2				
3				
4				
		合计		

注:此表由招标人填写,如不能详列,也可只列暂定金额总额,投标人应将上述暂列金额计入投标总价中。

7.12 材料暂估单价表

材料暂估单价表见表4-9。

表4-9 材料暂估单价表

工程名称： 标段： 第 页共 页

序号	材料名称、规格、型号	计量单位	单价(元)	备注

注:1.此表由招标人填写,并在备注栏说明暂估价的材料拟用哪些清单项目,投标人应将上述材料暂估单价计入工程量清单综合单价报价中。

2.材料包括原材料、燃料、构配件以及按规定应计入建筑安装工程造价的设备。

7.13 专业工程暂估价表

专业工程暂估价表见表4-10。

表 4-10　专业工程暂估价表

工程名称：　　　　　　　　　　　　标段：　　　　　　　　　　　第　页 共　页

序号	工程名称	工程内容	金额(元)	备注
合计				

注：此表由招标人填写，投标人应将上述专业工程暂估价计入投标总价中。

7.14　计日工表

计日工表见表 4-11。

表 4-11　计日工表

工程名称：　　　　　　　　　　　　标段：　　　　　　　　　　　第　页 共　页

编号	项目名称	单位	暂定数量	综合单价	合价
一	人工				
1					
2					
3					
人工小计					
二	材料				
1					
2					
3					
材料小计					
三	施工机械				
1					
2					
3					
施工机械小计					
总计					

注：此表项目名称、数量由招标人填写，编制招标控制价时，单价由招标人按有关计价规定确定；投标时，单价由投标人自主报价，计入投标总价中。

7.15 总承包服务费计价表

总承包服务费计价表见表4-12。

表4-12 总承包服务费计价表

工程名称：　　　　　　　　　　　　　标段：　　　　　　　　第　页共　页

序号	项目名称	项目价值（元）	服务内容	费率（%）	金额（元）
1	发包人发包专业工程				
2	发包人供应材料				
	合计				

7.16 规费、税金项目清单与计价表

规费、税金项目清单与计价表见表4-13。

表4-13 规费、税金项目清单与计价表

工程名称：　　　　　　　　　　　　　标段：　　　　　　　　第　页共　页

序号	项目名称	计算基础	费率（%）	金额（元）
1	规费			
1.1	工程排污费			
1.2	社会保障费			
（1）	养老保险费			
（2）	失业保险费			
（3）	医疗保险费			
1.3	住房公积金			
1.4	工伤保险费			
2	税金	分部分项工程费＋措施项目费＋其他项目费＋规费		
	合计			

注：根据建设部、财政部发布的《建筑安装工程费用组成》（建标〔2003〕206号）的规定，"计算基础"可为"直接费""人工费"或"人工费＋机械费"。

复习思考题

1. 工程量清单的概念是什么?

2. 工程量清单的作用有哪些?

3. 工程量清单编制的依据有哪些?

4. 工程量清单编制的原则是什么?

5. 项目设置要遵循的"五统一"原则,"五统一"是什么?

6. 项目编码是如何组成的?

7. 为什么要详细准确地描述项目特征?

8. 措施项目清单中,措施项目有哪些?

9. 其他项目清单有哪些?

10. 规费项目清单有哪些内容?

学习项目5 装饰工程清单项目工程量计算

【教学要求】

本项目主要介绍装饰工程工程量计算的意义、一般原则和方法,以及工程量计算的步骤;建筑面积的计算规则;分部分项工程工程量清单项目设置及工程量计算规则。通过学习,掌握楼地面、墙柱面、天棚工程、门窗工程、油漆涂料裱糊工程及其他工程的清单项目设置、工程量计算规则及工程量清单的编制。

任务5.1 装饰工程量计算概述

1 工程量的概念及正确计算工程量的意义

工程量是指按照事先约定的工程量计算规则计算出来的、以物理计量单位或自然计量单位表示的分部分项工程的数量。物理计量单位多采用长度(m)、面积(m^2)、体积(m^3)、质量(t 或 kg);自然计量单位多采用个、只、套、台、座等。

工程量与实物量不同,其区别在于:工程量是按照工程量计算规则,依据施工图纸计算所得的工程数量;而实物量是实际完成的工程数量。

工程量是确定工程造价的基础和重要组成部分,工程量的准确度直接影响工程造价的准确度。所以说,工程量的计量对工程造价的准确度起着决定性的作用。

正确计算工程量,其意义主要表现在以下几个方面:

(1)工程计价以工程量为基本依据。因此,工程量计算得准确与否,直接影响工程造价的准确性,以及工程建设的投资控制。

(2)工程量是施工企业编制施工作业计划,合理安排施工进度,组织现场劳动力、材料以及机械的重要依据。

(3)工程量是施工企业编制工程形象进度统计报表,向工程建设投资方结算工程价款的重要依据。

2 工程量计算的一般原则和方法

在工程预算造价工作中,工程量计算是编制预算造价的原始数据,繁杂且量大。工程量计算的精度和快慢,都直接影响着预算造价的编制质量与速度。

2.1 计算工程量的依据

(1)经审定的施工图纸及图纸会审记录、设计说明;

(2)建筑装饰工程预算定额;

(3)图纸中引用的标准图集;

(4)施工组织设计及施工现场情况;

(5)工程造价工作手册。

2.2　工程量计算的原则

为了准确计算工程量,防止错算、漏算和重复计算,通常要遵循以下原则:

(1)列项要正确。计算工程量时,按施工图列出的分项工程必须与预算定额(建设工程工程量清单计价规范)中相应分项工程一致。因此,在计算工程量时,除熟悉施工图纸及工程量计算规则外,还应掌握预算定额或工程量清单计价规范中每个分项工程的工作内容和范围,避免重复列项或漏项。

(2)工程量计算规则要一致,避免错算。计算工程量,必须与本地区现行预算定额工程量计算规则相一致。只有计算规则一致,才能保证工程量计算得准确。

(3)计量单位要一致。计算工程量时,所列出的各分项工程的计量单位,必须与所使用的预算定额中相应项目的计量单位相一致。

(4)工程量计算要准确,精度要统一。在计算工程量时,对各分项工程计算尺寸的取定要准确。计算底稿要整洁,数字要清楚,工程量计算精度要统一。工程量的计算结果,除钢材(以 t 为计量单位)、木材(以 m^3 为计量单位)按定额单位取小数点后三位外,其余项目一般取小数点后二位。建筑面积以 m^2 为单位,一般取整数。

(5)计算图纸要会审,避免根本错误。计算前要熟悉图纸和设计说明,检查图纸有无错误,所标尺寸在平面、立面、剖面和详图中是否吻合;图纸中要求的做法,图纸中的门窗统计表、构件统计表和钢筋表中的型号、数量和重量,是否与图纸相符;构件的标号及加工方法,材料的规格型号及强度等都应注意。如有疑难和矛盾问题,须及时通过图纸会审、设计答疑解决,以避免工程量计算依据的根本错误。

2.3　工程量计算方法

2.3.1　计算工程量的一般顺序

计算顺序是一个重要问题。一幢建筑物的工程项目很多,如不按一定的顺序进行,极易漏算或重复计算。

(1)按顺时针(或逆时针)方向计算工程量,即从平面图的一个角开始,按顺时针(或逆时针)方向逐项计算,环绕一周后又回到开始点为止,如图 5-1 所示。此种方法适用于计算外墙、外墙装修、楼地面、天棚等的工程量。但是在计算基础和墙体时,要先外墙后内墙,分别计算。

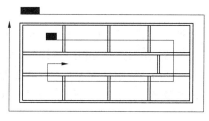

图 5-1　按顺时针方向计算工程量

(2)按先横后竖、先上后下、先左后右的顺序计算。

此种方法适用于计算内墙、内墙基础、内墙挖槽、内墙装饰、门窗过梁等的工程量。

(3)按结构构件编号顺序计算工程量。这种方法适用于计算门窗、钢筋混凝土构件、打桩等的工程量。如图 5-2 所示。

（4）按轴线编号顺序计算工程量。这种方法适用于计算内外墙挖基槽、内外墙基础、内外墙砌体、内外墙装饰等工程。如图 5-3 所示。

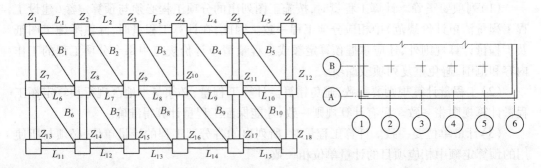

图 5-2　按结构构件编号顺序计算工程量　　　　图 5-3　按轴线编号顺序计算工程量

工程造价人员也可以按照自己的习惯选择计算的方法。

2.3.2　应用统筹法计算工程量

在一个单位工程分解的若干个分项工程中，这些分项工程既有各自的特点，又有内在的联系。应用统筹法计算工程量，就是根据统筹学原理，在进行工程量计算时找出各分项工程自身的特点及其内在联系，运用统筹法合理安排工程量计算顺序，以达到简化计算、提高工作效率的目的。

这一方法的计算步骤是：

（1）基数计算。

基数是工程量计算中反复多次运用的数据，提前把这些数据算出来，供各分项工程的工程量计算时查用。这些数据是"四线、三面、一册"，即外墙外边线长度 $L_{外}$、外墙中心线长度 $L_{中}$、内墙净长线 $L_{内}$、建筑基础平面图中内墙基础或垫层净长度 $L_{净}$。"三面"是指建筑施工图上所表示的底层建筑面积，用 $S_{底}$ 来表示；建筑平面图中房心净面积，用 $S_{房}$ 来表示；建筑平面图中墙身和柱等结构面积，用 $S_{结}$ 来表示。"一册"指的是工程量计算手册。

（2）按一定的计算顺序计算项目。

主要是做到尽可能使前面项目的计算结果能运用到后面的计算中，以减少重复计算。

（3）联系实际，灵活机动。

由于工程设计很不一致，对于那些不能用"线"和"面"基数计算的不规则的、较复杂的项目工程量的计算问题，要结合实际，灵活运用下列方法加以解决：

①分段计算法：如基础断面尺寸、基础埋深不同时，可采取分段法计算工程量。

②分层计算法：如遇多层建筑物，各楼层的建筑面积、墙厚、砂浆强度等级等不同时，可用分层计算法。

③补加计算法：先把主要的比较方便计算的计算部分一次算出，然后加上多出的部分。如带有墙垛的外墙，可先计算出外墙体积，然后加上砖垛体积。

④补减计算法：在一个分项工程中，如每层楼的地面面积相同，地面构造除一层门厅为水磨石面层外，其余均为水泥砂浆地面，可先按每层都是水泥砂浆地面计算各楼层的工

程量,然后减去门厅的水磨石面层工程量。

3　工程量计算的步骤

3.1　列出分项工程项目名称和工程量计算式

首先按照一定的计算顺序和方法,列出单位工程施工图预算的分项工程项目名称;其次按照工程量计算规则和计算单位(m、m^2、m^3、kg 等)列出工程量计算式,并注明数据来源。工程量计算式可以只列出一个算式,也可以分别列算式,但都应当注明中间结果,以便后面使用。工程量计算通常采用计算表格形式,在工程量计算表格中列出计算式,以便进行审核。

3.2　进行工程量计算

工程量计算式列出后,对所取数据复核,确认无误后再逐式计算。按前面所述的精度要求保留小数点位数。

3.3　调整计量单位

通常计算的工程量都是以 m、m^2、m^3 等为计量单位,但在预算定额中计量单位往往是 $100\ m$、$10\ m^3$、$100\ m^2$ 等。因此,还需把计算的工程量按预算定额中相应项目规定的计量单位进行调整,使计算工程量的计量单位与预算定额相应项目的计量单位一致,以便套用预算定额。

3.4　自我检查复核

工程量计算完毕后,必须进行自我复核,检查其项目、算式、数据及小数点等有无错误和遗漏,以避免预算审查时返工重算。

任务 5.2　建筑面积计算

1　建筑面积的概念及作用

1.1　建筑面积的概念

建筑面积也称展开面积,是指建筑物各层面积的总和。建筑面积为使用面积、辅助面积与结构面积之和。

(1)使用面积是指建筑物各层为生产或生活使用的净面积总和,如办公室、卧室等的面积。

(2)辅助面积是指建筑物各层为生产或生活起辅助作用的净面积总和,如电梯间、楼梯间、走廊、阳台等的面积。

(3)结构面积是指各层平面布置中的墙体、柱等结构所占面积的总和。

其中,使用面积与辅助面积之和为有效面积。

1.2　套内建筑面积及其组成

房屋的套内建筑面积是指房屋权利人单独占有使用的建筑面积。其组成为:

套内建筑面积 = 套内房屋有效面积 + 套内墙体面积 + 套内阳台建筑面积

(1)套内房屋有效面积。

套内房屋有效面积是指套内直接或辅助为生活服务的净面积之和,包括使用面积和辅助面积两部分。

(2)套内墙体面积。

套内墙体面积是指应该计算到套内建筑面积中的墙体所占的面积,包括非共用墙和共用墙两部分。

非共用墙是指套内部各房间之间的隔墙,如客厅与卧室之间、卧室与书房之间、卧室与卫生间之间的隔墙,非共用墙均按其投影面积计算。

共用墙是指各套之间的分隔墙、套与公用建筑空间的分隔墙和外墙,共用墙均按其投影面积的一半计算。

(3)套内阳台建筑面积。

套内阳台建筑面积按照阳台建筑面积计算规则计算即可。

1.3 分摊的共有公用建筑面积

分摊的共有公用建筑面积是指房屋权利人应该分摊的各产权业主共同占有或共同使用的那部分建筑面积。包括以下几部分:

第一部分为电梯井、管道井、楼梯间、变电室、设备间、公共门厅、过道、地下室、值班警卫室等,以及为整幢建筑服务的公共用房和管理用房的建筑面积。

第二部分为套与公共建筑之间的分隔墙,以及外墙(包括山墙)公共墙,其建筑面积为水平投影面积的一半。

独立使用的地下室、车棚、车库,为多幢建筑服务的警卫室、管理用房,作为人防工程的地下室通常都不计入共有的建筑面积。

1.3.1 共有公用建筑面积的处理原则

(1)产权各方有合法权属分割文件或协议的,按文件或协议规定执行。

(2)无产权分割文件或协议的,按相关房屋的建筑面积比例进行分摊。

1.3.2 每套应该分摊的共有公用建筑面积

计算每套应该分摊的共有公用建筑面积时,应该按以下三个步骤进行:

(1)计算共有公用建筑面积:

共有公用建筑面积=整幢建筑物的建筑面积-各套内建筑面积之和-作为独立使用
空间出售或出租的地下室、车棚及人防工程等建筑面积

(2)计算共有公用建筑面积分摊系数:

$$共有公用建筑面积分摊系数 = \frac{共有公用建筑面积}{套内建筑面积之和}$$

(3)计算每套应分摊的共有公用建筑面积:

每套应分摊的共有公用建筑面积=共有公用建筑面积分摊系数×套内建筑面积

1.4 建筑面积的作用

(1)建筑面积是确定建设规模的重要指标。

根据项目立项批准文件所核准的建筑面积,是初步设计的重要控制指标。按规定施工图的建筑面积不得超过初步设计的5%,否则必须重新报批。

(2)建筑面积是确定各项技术经济指标的基础。

建筑设计在进行方案比选时,常常依据一定的技术指标,如容积率、建筑密度、建筑系数等;建设单位和施工单位在办理报审手续时,经常用到开工面积、竣工面积、优良工程率、建筑规模等技术指标。这些重要的技术指标都要用到建筑面积。其中:

$$容积率 = \frac{建筑总面积}{建筑占地面积} \times 100\%$$

$$建筑密度 = \frac{建筑物底层面积}{建筑物占地总面积} \times 100\%$$

$$房屋建筑系数 = \frac{房屋建筑面积}{房屋使用面积} \times 100\%$$

建筑面积也是施工单位计算单位工程或单项工程的单位面积工程造价、人工消耗量、材料消耗量和机械台班消耗量的重要经济指标。各种经济指标的计算公式如下:

$$单方造价(元/m^2) = \frac{工程造价}{建筑面积}$$

$$单方人工消耗量(工日/m^2) = \frac{单位工程用工量}{建筑面积}$$

$$单方材料消耗量(kg/m^2、m^3/m^2 等) = \frac{单位工程某种材料用量}{建筑面积}$$

$$单方机械台班消耗量(台班/m^2 等) = \frac{单位工程某种台班用量}{建筑面积}$$

(3)建筑面积是计算工程量的基础。

建筑面积是计算有关工程量的重要依据。例如,垂直运输机械的工程量即是以建筑面积为工程量等。建筑面积也是计算各分部分项工程量和工程量消耗指标的基础。例如,计算出建筑面积之后,利用这个基数,就可以计算出地面抹灰、室内填土、地面垫层、平整场地、天棚抹灰和屋面防水等项目的工程量。

(4)建筑面积是选择概算指标和编制概算的主要依据。

(5)建筑面积是划分工程类别的标准之一。

2　建筑工程建筑面积计算规范

中华人民共和国住房和城乡建设部 2013 年 12 月 19 日颁布了《建筑工程建筑面积计算规范》(GB/T 50353—2013),自 2014 年 7 月 1 日起实施。原《建筑工程建筑面积计算规范》(GB/T 50353—2005)同时废止。

建筑面积是以 m² 为计量单位反映房屋建筑规模的实物量指标,它广泛应用于基本建设计划、统计、设计、施工和工程概预算等各个方面,在建筑工程造价管理方面起着非常重要的作用,是房屋建筑计价的主要指标之一。

规范内容包括总则、术语、计算建筑面积的规定三个部分以及规范条文说明。

第一部分总则阐述了规范制定的目的、适用范围,建筑面积计算应遵循的原则等。第二部分术语列举了 30 条术语,对建筑面积计算规定中涉及的建筑物有关部位的名词进行了解释或定义。第三部分计算建筑面积的规定共有 36 条,包括建筑面积计算范围、计算方法和不计算建筑面积的范围。规范条文说明对建筑面积计算规定中的具体内容、方法做了细部界定和说明,以便能准确地使用规定和方法。以下把建筑面积计算的规定和术语合并起来介绍。

2.1 术语

(1)建筑面积 construction area:建筑物(包括墙体)所形成的楼地面面积。

(2)自然层 floor:按楼地面结构分层的楼层。

(3)结构层高 structure story height:楼面或地面结构层上表面至上部结构层上表面之间的垂直距离。

(4)围护结构 building enclosure:围合建筑空间的墙体、门、窗。

(5)建筑空间 space:以建筑界面限定的、供人们生活和活动的场所。

(6)结构净高 structure net height:楼面或地面结构层上表面至上部结构层下表面之间的垂直距离。

(7)围护设施 enclosure facilities:为保障安全而设置的栏杆、栏板等围挡。

(8)地下室 basement:室内地平面低于室外地平面的高度超过室内净高的 1/2 的房间。

(9)半地下室 semi-basement:室内地平面低于室外地平面的高度超过室内净高的 1/3,且不超过 1/2 的房间。

(10)架空层 stilt floor:仅有结构支撑而无外围护结构的开敞空间层。

(11)走廊 corridor:建筑物中的水平交通空间。

(12)架空走廊 elevated corridor:专门设置在建筑物的二层或二层以上,作为不同建筑物之间水平交通的空间。

(13)结构层 structure layer:整体结构体系中承重的楼板层。

(14)落地橱窗 french window:突出外墙面且根基落地的橱窗。

(15)凸窗(飘窗)bay window:凸出建筑物外墙面的窗户。

(16)檐廊 eaves gallery:建筑物挑檐下的水平交通空间。

(17)挑廊 overhanging corridor:挑出建筑物外墙的水平交通空间。

(18)门斗 air lock:建筑物入口处两道门之间的空间。

(19)雨篷 canopy:建筑出入口上方为遮挡雨水而设置的部件。

(20)门廊 porch:建筑物入口前有顶棚的半围合空间。

(21)楼梯 stairs:由连续行走的梯级、休息平台和维护安全的栏杆(或栏板)、扶手以及相应的支托结构组成的作为楼层之间垂直交通使用的建筑部件。

(22)阳台 balcony:附设于建筑物外墙,设有栏杆或栏板,可供人活动的室外空间。

(23)主体结构 major structure:接受、承担和传递建设工程所有上部荷载,维持上部结构整体性、稳定性和安全性的有机联系的构造。

(24)变形缝 deformation joint:防止建筑物在某些因素作用下引起开裂甚至破坏而预留的构造缝。

(25)骑楼 overhang:建筑底层沿街面后退且留出公共人行空间的建筑物。

(26)过街楼 overhead building:跨越道路上空并与两边建筑相连接的建筑物。

(27)建筑物通道 passage:为穿过建筑物而设置的空间。

（28）露台 terrace：设置在屋面、首层地面或雨篷上的供人室外活动的有围护设施的平台。

（29）勒脚 plinth：在房屋外墙接近地面部位设置的饰面保护构造。

（30）台阶 step：联系室内外地坪或同楼层不同标高而设置的阶梯形踏步。

2.2　建筑面积计算规则

2.2.1　计算建筑面积的范围

（1）单层建筑物的建筑面积，应按其外墙勒脚以上结构外围水平面积计算。结构层高在 2.20 m 及以上的，应计算全面积；结构层高在 2.20 m 以下的，应计算 1/2 面积。如图 5-4 所示。

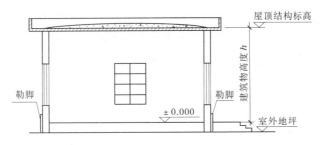

图 5-4　单层建筑立面图

（2）建筑物内设有局部楼层时，对于局部楼层的二层及以上楼层，有围护结构的应按其围护结构外围水平面积计算，无围护结构的应按其结构底板水平面积计算，且结构层高在 2.20 m 及以上的，应计算全面积，结构层高在 2.20 m 以下的，应计算 1/2 面积。如图 5-5所示。

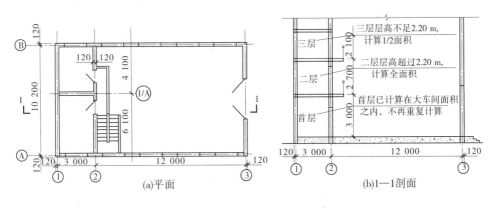

图 5-5　设有局部楼层的建筑物

（3）形成建筑空间的坡屋顶，结构净高在 2.10 m 及以上的部位应计算全面积；结构净高在 1.20 m 及以上至 2.10 m 以下的部位应计算 1/2 面积；结构净高在 1.20 m 以下的部位不应计算建筑面积。如图 5-6 所示。

（4）场馆看台下加以利用的建筑空间，结构净高在 2.10 m 及以上的部位应计算全面积；结构净高在 1.20 m 及以上至 2.10 m 以下的部位应计算 1/2 面积；结构净高在 1.20 m 以下的部位不应计算建筑面积。室内单独设置的有围护设施的悬挑看台，应按看台结构

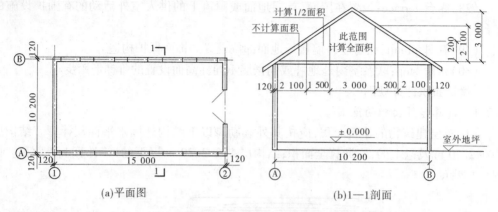

图5-6　坡屋顶平、剖面图

底板水平投影面积计算建筑面积。有顶盖无围护结构的场馆看台应按其顶盖水平投影面积的1/2计算面积。如图5-7所示。

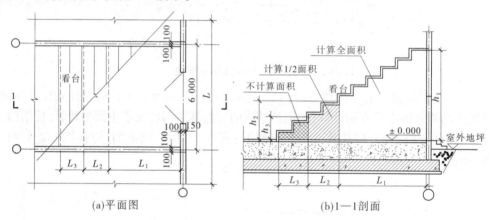

图5-7　看台下加以利用示意图

（5）地下室、半地下室应按其结构外围水平面积计算。结构层高在2.20 m及以上的,应计算全面积;结构层高在2.20 m以下的,应计算1/2面积。如图5-8所示。

（6）出入口外墙外侧坡道有顶盖的部位,应按其外墙结构外围水平面积的1/2计算面积。

（7）建筑物架空层及坡地建筑物吊脚架空层,应按其顶板水平投影计算建筑面积。结构层高在2.20 m及以上的,应计算全面积;结构层高在2.20 m以下的,应计算1/2面积。如图5-9所示。

（8）建筑物的门厅、大厅应按一层计算建筑面积,门厅、大厅内设置的走廊应按走廊结构底板水平投影面积计算建筑面积。结构层高在2.20 m及以上的,应计算全面积;结构层高在2.20 m以下的,应计算1/2面积。如图5-10、图5-11所示。

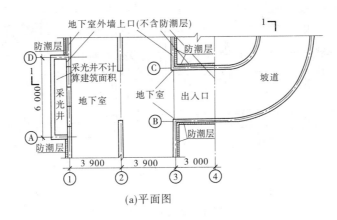

(a)平面图

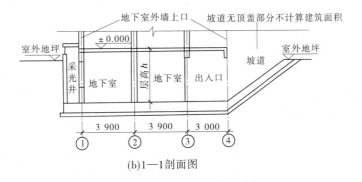

(b)1—1剖面图

图 5-8　地下室平面图、剖面图

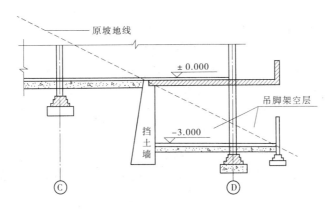

图 5-9　坡地建筑物吊脚架空层

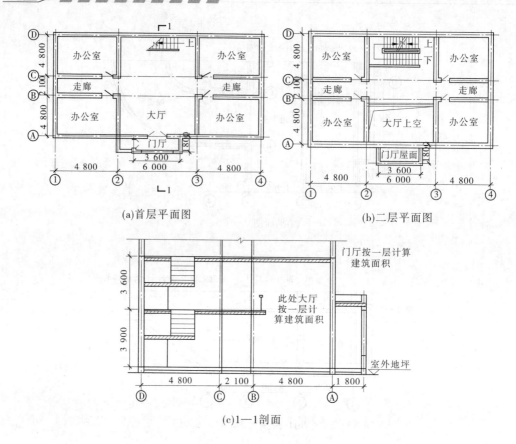

(a)首层平面图　　　　　　　　　　(b)二层平面图

(c)1—1剖面

图 5-10　门厅、大厅示意图

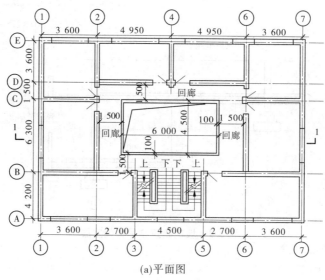

(a)平面图

图 5-11　走廊示意图

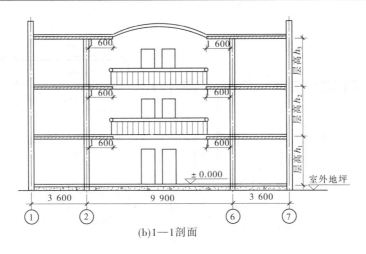

(b)1—1剖面

续图 5-11

（9）建筑物间的架空走廊，有顶盖和围护结构的，应按其围护结构外围水平面积计算全面积；无围护结构、有围护设施的，应按其结构底板水平投影面积计算 1/2 面积。如图 5-12 所示。

图 5-12 架空走廊示意图

（10）立体书库、立体仓库、立体车库，有围护结构的，应按其围护结构外围水平面积计算建筑面积；无围护结构、有围护设施的，应按其结构底板水平投影面积计算建筑面积。无结构层的应按一层计算，有结构层的应按其结构层面积分别计算。结构层高在 2.20 m 及以上的，应计算全面积；结构层高在 2.20 m 以下的，应计算 1/2 面积。如图 5-13 所示。

（11）有围护结构的舞台灯光控制室，应按其围护结构外围水平面积计算。结构层高在 2.20 m 及以上的，应计算全面积；结构层高在 2.20 m 以下的，应计算 1/2 面积。如图 5-14 所示。

（12）附属在建筑物外墙的落地橱窗，应按其围护结构外围水平面积计算。结构层高在 2.20 m 及以上的，应计算全面积；结构层高在 2.20 m 以下的，应计算 1/2 面积。如图 5-15 所示。

（13）窗台与室内楼地面高差在 0.45 m 以下且结构净高在 2.10 m 及以上的凸（飘）窗，应按其围护结构外围水平面积计算 1/2 面积。

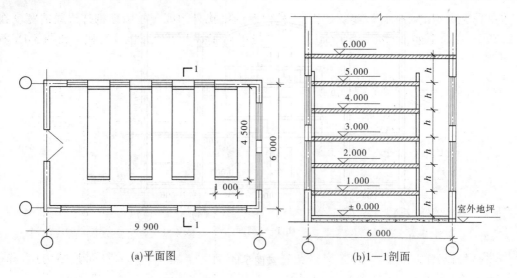

(a)平面图　　　　　　　　　　(b)1—1剖面

图 5-13　立体书库示意图

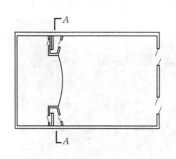
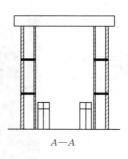

图 5-14　舞台灯光控制室　　　　　　图 5-15　建筑物外墙的落地橱窗

（14）有围护设施的室外走廊（挑廊），应按其结构底板水平投影面积计算 1/2 面积；有围护设施（或柱）的檐廊，应按其围护设施（或柱）外围水平面积计算 1/2 面积。如图 5-16所示。

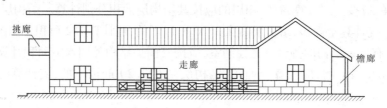

图 5-16　走廊、挑廊、檐廊示意图

（15）门斗应按其围护结构外围水平面积计算建筑面积，且结构层高在 2.20 m 及以上的，应计算全面积；结构层高在 2.20 m 以下的，应计算 1/2 面积。如图 5-17 所示。

（16）门廊应按其顶板的水平投影面积的 1/2 计算建筑面积；有柱雨篷应按其结构板

水平投影面积的 1/2 计算建筑面积;无柱雨篷的结构外边线至外墙结构外边线的宽度在 2.10 m 及以上的,应按雨篷结构板的水平投影面积的 1/2 计算建筑面积。如图 5-18 所示。

图 5-17　门斗示意图

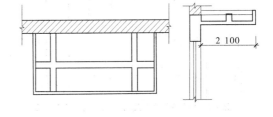

图 5-18　雨篷示意图

(17)设在建筑物顶部的、有围护结构的楼梯间、水箱间、电梯机房等,结构层高在 2.20 m 及以上的,应计算全面积;结构层高在 2.20 m 以下的,应计算 1/2 面积。

(18)围护结构不垂直于水平面的楼层,应按其底板面的外墙外围水平面积计算。结构净高在 2.10 m 及以上的部位,应计算全面积;结构净高在 1.20 m 及以上至 2.10 m 以下的部位,应计算 1/2 面积;结构净高在 1.20 m 以下的部位,不应计算建筑面积。如图 5-19所示。

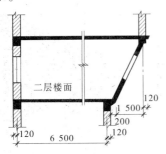

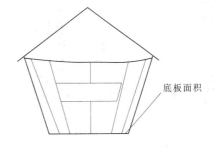

图 5-19　围护结构不垂直于水平面的楼层

(19)建筑物的室内楼梯、电梯井、提物井、管道井、通风排气竖井、烟道,应并入建筑物的自然层计算建筑面积。有顶盖的采光井应按一层计算面积,且结构净高在 2.10 m 及以上的,应计算全面积;结构净高在 2.10 m 以下的,应计算 1/2 面积。如图 5-20 所示。

(20)室外楼梯应并入所依附建筑物的自然层,并应按其水平投影面积的 1/2 计算建筑面积。如图 5-21 所示。

(21)在主体结构内的阳台,应按其结构外围水平面积计算全面积;在主体结构外的阳台,

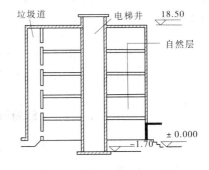

图 5-20　室内电梯井、垃圾道
剖面示意图

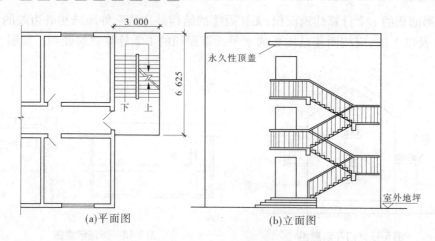

(a)平面图　　　　　　　(b)立面图

图 5-21　室外楼梯示意图

应按其结构底板水平投影面积计算 1/2 面积。如图 5-22 所示。

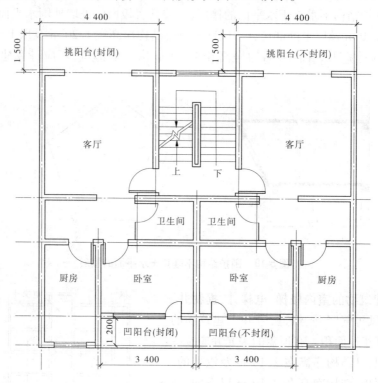

图 5-22　阳台示意图

　　(22)有顶盖无围护结构的车棚、货棚、站台、加油站、收费站等,应按其顶盖水平投影面积的 1/2 计算建筑面积。如图 5-23 所示。

　　(23)以幕墙作为围护结构的建筑物,应按幕墙外边线计算建筑面积。如图 5-24 所示。

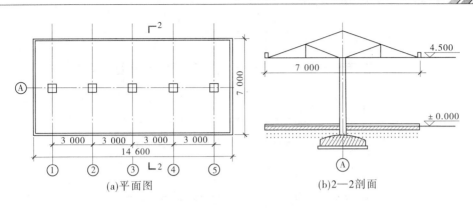

(a)平面图　　　　　　　　　(b)2—2剖面

图 5-23　无围护结构的站台

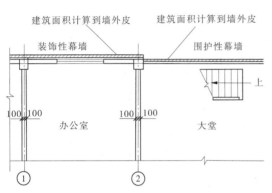

图 5-24　建筑幕墙示意图

(24)建筑物的外墙外保温层,应按其保温材料的水平截面面积计算,并计入自然层建筑面积。如图 5-25 所示。

(25)与室内相通的变形缝,应按其自然层合并在建筑物建筑面积内计算。对于高低联跨的建筑物,当高低跨内部连通时,其变形缝应计算在低跨面积内。

(26)建筑物内的设备层、管道层、避难层等有结构层的楼层,结构层高在 2.20 m 及以上的,应计算全面积;结构层高在 2.20 m 以下的,应计算 1/2 面积。如图 5-26 所示。

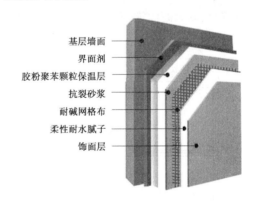

图 5-25　保温隔热层示意图

2.2.2　不计算建筑面积的范围

(1)与建筑物内不相连通的建筑部件。

(2)骑楼、过街楼底层的开放公共空间和建筑物通道,如图 5-27 所示。

(3)舞台及后台悬挂幕布和布景的天桥、挑台等。

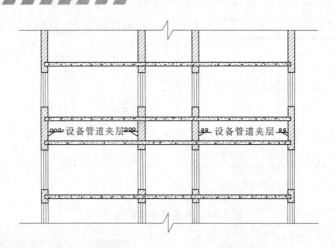

图 5-26　建筑物内的设备管道层

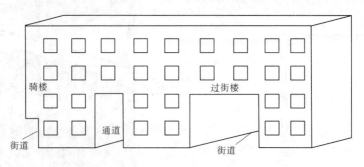

图 5-27　建筑物骑楼、过街楼

（4）露台、露天游泳池、花架、屋顶的水箱及装饰性结构构件，如图 5-28 所示。

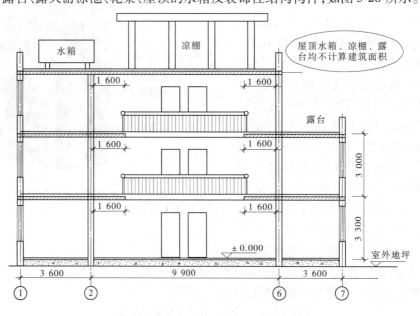

图 5-28　屋顶水箱、凉棚、露台示意图

（5）建筑物内的操作平台、上料平台、安装箱和罐体的平台，如图 5-29 所示。

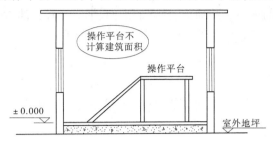

图 5-29　操作平台示意图

（6）勒脚、附墙柱、垛、台阶、墙面抹灰、装饰面、镶贴块料面层、装饰性幕墙，主体结构外的空调室外机搁板（箱）、构件、配件，挑出宽度在 2.10 m 以下的无柱雨篷和顶盖高度达到或超过两个楼层的无柱雨篷，如图 5-30 所示。

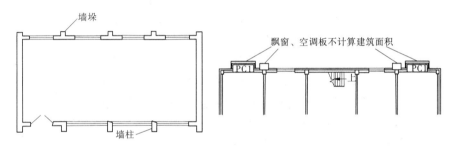

图 5-30　凸出墙面的构配件示意图

（7）窗台与室内地面高差在 0.45 m 以下且结构净高在 2.10 m 以下的凸（飘）窗，窗台与室内地面高差在 0.45 m 及以上的凸（飘）窗。

（8）室外爬梯、室外专用消防钢楼梯，如图 5-31 所示。

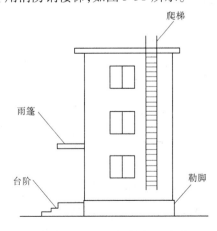

图 5-31　用于检修、消防等的室外爬梯

（9）无围护结构的观光电梯。

（10）建筑物以外的地下人防通道，独立的烟囱、烟道、地沟、油（水）罐、气柜、水塔、储油（水）池、储仓、栈桥等构筑物。

3　建筑面积计算实例

【例5-1】　单层建筑物带局部楼层如图5-32所示，计算其建筑面积（墙厚为240 mm）。

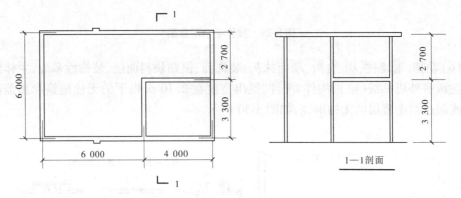

图5-32　单层建筑物带局部楼层

解　底层建筑面积 $= (6.0 + 4.0 + 0.24) \times (6.0 + 0.24)$

$$= 10.24 \times 6.24$$

$$= 63.90 (\text{m}^2)$$

楼隔层建筑面积 $= (4.0 + 0.24) \times (3.30 + 0.24)$

$$= 4.24 \times 3.54$$

$$= 15.01 (\text{m}^2)$$

该建筑物建筑面积为：$63.90 + 15.01 = 78.91 (\text{m}^2)$

【例5-2】　某五层建筑物的各层建筑面积一样，底层外墙尺寸如图5-33所示，墙厚均为240 mm，试计算建筑面积。（轴线居中）

解　用面积分割法进行计算：

1. ②、④轴线间矩形面积：$S_1 = 13.8 \times 12.24 = 168.912 (\text{m}^2)$

2. $S_2 = 3 \times 0.12 \times 2 = 0.72 (\text{m}^2)$

3. 扣除 S_3 面积：$S_3 = 3.6 \times 3.18 = 11.448 (\text{m}^2)$

4. 三角形面积：$S_4 = 0.5 \times 4.02 \times 2.31 = 4.643 (\text{m}^2)$

5. 半圆面积：$S_5 = 3.14 \times 3.12^2 \times 0.5 = 15.283 (\text{m}^2)$

6. 扇形面积：$S_6 = 3.14 \times 4.62^2 \times 150°/360° = 27.926 (\text{m}^2)$

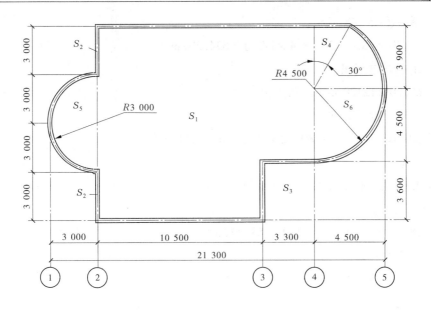

图 5-33   某五层建筑物底层平面图

总建筑面积:

$$S = (S_1 + S_2 - S_3 + S_4 + S_5 + S_6) \times 5$$
$$= (168.912 + 0.72 - 11.448 + 4.643 + 15.283 + 27.926) \times 5$$
$$= 1\ 030.18(\text{m}^2)$$

【例5-3】   如图 5-34 所示,某多层住宅变形缝宽度为 0.20 m,阳台水平投影尺寸为 1.80 m×3.60 m(共 18 个),无柱雨篷水平投影尺寸为 2.60 m×4.00 m,坡屋顶阁楼室内净高最高点为 3.65 m,坡屋顶坡度为 1:2;平屋面女儿墙顶面标高为 11.60 m。按《建筑工程建筑面积计算规范》(GB/T 50353—2013)计算建筑面积。

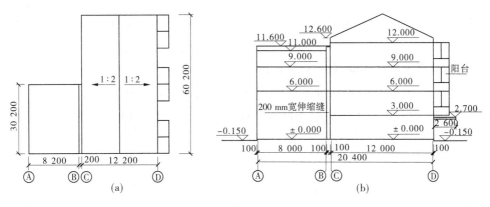

图 5-34   某建筑物平面、立面图

解 Ⓐ—Ⓒ轴建筑面积：

$$S_1 = 30.20 \times (8.4 \times 2 + 8.4 \times 1/2) = 634.20(m^2)$$

Ⓒ—Ⓓ轴建筑面积：

$$S_2 = 60.20 \times 12.20 \times 4 = 2\,937.76(m^2)$$

坡屋顶阁楼建筑面积：

$$S_3 = 60.20 \times (6.20 + 1.80 \times 2 \times 1/2) = 481.60(m^2)$$

雨篷建筑面积：

$$S_4 = 2.60 \times 4.00 \times 1/2 = 5.20(m^2)$$

阳台建筑面积：

$$S_5 = 18 \times 1.80 \times 3.60 \times 1/2 = 58.32(m^2)$$

总建筑面积：

$$S = S_1 + S_2 + S_3 + S_4 + S_5 = 4\,117.08(m^2)$$

任务 5.3　装饰工程工程量计算规则

建筑装饰工程工程量计算要严格按照《建设工程工程量清单计价规范》(GB 50500—2013)和《房屋建筑与装饰工程工程量计算规范》(GB 50854—2013)的规定,以及地区现行的建筑装饰工程工程量计算规则进行计算。以下是 GB 50854—2013 附录中建筑装饰工程主要分部分项工程的工程量计算规则。

1　楼地面工程项目(编码:0111)

楼地面是房屋建筑底层地坪与楼层地坪的总称,主要由面层、技术构造层、垫层和基层构成。

楼地面工程适用于楼地面、楼梯、台阶等装饰工程。主要包括整体面层及找平层、块料面层、橡塑面层、其他材料面层、踢脚线、楼梯面层、台阶装饰、零星装饰等项目。

1.1　整体面层及找平层项目(编码:011101)

整体面层及找平层项目包括水泥砂浆楼地面(011101001)、现浇水磨石楼地面(011101002)、细石混凝土楼地面(011101003)、菱苦土楼地面(011101004)、自流坪楼地面(011101005)和平面砂浆找平层(011101006)6 个清单项目。适用于楼面、地面所做的整体面层及找平层工程。

整体面层工程量清单项目设置及工程量计算规则,应按表 5-1 执行。

表 5-1　整体面层及找平层项目(编码:011101)

项目编码	项目名称	项目特征	计量单位	工程量计算规则	工程内容
011101001	水泥砂浆楼地面	1.找平层厚度、砂浆配合比; 2.素水泥浆遍数; 3.面层厚度、砂浆配合比; 4.面层做法要求	m²	按设计图示尺寸以面积计算。扣除凸出地面构筑物、设备基础、室内铁道、地沟等所占面积,不扣除间壁墙及小于0.3 m²柱、垛、附墙烟囱及孔洞所占面积。门洞、空圈、暖气包槽、壁龛的开口部分不增加面积	1.基层清理; 2.抹找平层; 3.抹面层; 4.材料运输
011101002	现浇水磨石楼地面	1.找平层厚度、砂浆配合比; 2.面层厚度、水泥石子浆配合比; 3.嵌条材料种类、规格; 4.石子种类、规格、颜色; 5.颜料种类、颜色; 6.图案要求; 7.磨光、酸洗、打蜡要求			1.基层清理; 2.抹找平层; 3.面层铺设; 4.嵌缝条安装; 5.磨光、酸洗、打蜡; 6.材料运输
011101003	细石混凝土楼地面	1.找平层厚度、砂浆配合比; 2.面层厚度、混凝土强度等级			1.基层清理; 2.抹找平层; 3.面层铺设; 4.材料运输
011101004	菱苦土楼地面	1.找平层厚度、砂浆配合比; 2.面层厚度; 3.打蜡要求			1.基层清理; 2.抹找平层; 3.面层铺设; 4.打蜡; 5.材料运输
011101005	自流坪楼地面	1.找平层厚度、砂浆配合比; 2.界面剂材料种类; 3.中层漆材料种类、厚度; 4.面漆材料种类、厚度; 5.面层材料种类			1.基层处理; 2.抹找平层; 3.涂界面剂; 4.涂刷中层漆; 5.打磨、吸尘; 6.镘自流平面漆(浆); 7.拌和自流平浆料; 8.铺面层
011101006	平面砂浆找平层	找平层厚度、砂浆配合比		按设计图示尺寸以面积计算	1.基层清理 2.抹找平层 3.材料运输

注:1.水泥砂浆面层处理是拉毛还是提浆压光应在面层做法要求中描述。

2.平面砂浆找平层适用于仅做找平层的平面抹灰。

3.间壁墙指墙厚小于 120 mm 的墙。

4.楼地面混凝土垫层另按《房屋建筑与装饰工程计量规范》附录 E.1 垫层项目编码列项,其他材料垫层按《房屋建筑与装饰工程计量规范》表 D.4 垫层项目编码列项。

【例5-4】 如图5-35所示为某建筑平面图,地面工程做法为:20 mm厚1:2水泥砂浆抹面压实抹光(面层);刷素水泥浆结合层一道;60 mm厚C20细石混凝土找坡层,最薄处30 mm厚;聚氨酯涂膜防水层厚1.5~1.8 mm,防水层周边卷起150 mm;40 mm厚C20细石混凝土随打随抹平;150 mm 3:7灰土垫层;素土夯实。试编制水泥砂浆地面工程量清单。

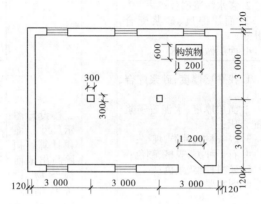

图5-35 建筑物平面示意图

解 1.计算水泥砂浆地面工程量。

$$S = \left[(3 \times 3 - 0.12 \times 2) \times (3 \times 2 - 0.12 \times 2) - 1.2 \times 0.6 \right] = 49.74(m^2)$$

2.编制工程量清单。

水泥砂浆地面工程量清单见表5-2。

表5-2 分部分项工程量清单

工程名称:××××

序号	项目编码	项目名称	计量单位	工程数量
1	011101001001	水泥砂浆楼地面: 20 mm厚1:2水泥砂浆抹面压实抹光(面层); 刷素水泥浆结合层一道; 60 mm厚C20细石混凝土找坡层,最薄处30 mm厚; 聚氨酯涂膜防水层厚1.5~1.8 mm,防水层周边卷起150 mm; 40 mm厚C20细石混凝土随打随抹平; 150 mm厚3:7灰土垫层	m²	49.74

1.2 块料面层项目(编码:011102)

块料面层项目包括大理石、花岗岩、彩釉砖、缸砖、陶瓷锦砖、木地板等。

块料面层项目包括石材楼地面(011102001)、碎石材楼地面(011102002)、块料楼地面(011102003)3个清单项目。适用于楼面、地面所做的块料面层工程。

块料面层工程量清单项目设置及工程量计算规则,应按表5-3执行。

表5-3　块料面层项目(编码:011102)

项目编码	项目名称	项目特征	计量单位	工程量计算规则	工程内容
011102001	石材楼地面	1. 找平层厚度、砂浆配合比; 2. 结合层厚度、砂浆配合比; 3. 面层材料品种、规格、品牌、颜色; 4. 嵌缝材料种类; 5. 防护层材料种类; 6. 酸洗、打蜡要求	m²	按设计图示尺寸以面积计算。门洞、空圈、暖气包槽、壁龛的开口部分并入相应的工程量内	1. 基层清理; 2. 抹找平层; 3. 面层铺设、磨边; 4. 嵌缝; 5. 刷防护材料; 6. 酸洗、打蜡; 7. 材料运输
011102002	碎石材楼地面				
011102003	块料楼地面				

注:1. 在描述碎石材项目的面层材料特征时,可不描述规格、品牌、颜色。

2. 石材、块料与黏结材料的结合面刷防渗材料的种类在防护层材料种类中描述。

3. 工程内容中的磨边指施工现场磨边,后面章节工程内容中涉及的磨边含义同此。

1.3　橡塑面层项目(编码:011103)

橡塑面层项目包括橡胶板楼地面(011103001)、橡胶卷材楼地面(011103002)、塑料板楼地面(011103003)、塑料卷材楼地面(011103004)4个清单项目。

橡塑面层各清单项目适用于用黏结剂(如CX401胶等)粘贴橡塑楼面、地面面层工程。

橡塑面层工程量清单项目设置及工程量计算规则,应按表5-4执行。

表5-4　橡塑面层项目(编码:011103)

项目编码	项目名称	项目特征	计量单位	工程量计算规则	工程内容
011103001	橡胶板楼地面	1. 黏结层厚度、材料种类; 2. 面层材料品种、规格、品牌、颜色; 3. 压线条种类	m²	按设计图示尺寸以面积计算。门洞、空圈、暖气包槽、壁龛的开口部分并入相应的工程量内	1. 基层清理; 2. 面层铺贴; 3. 压缝条装钉; 4. 材料运输
011103002	橡胶卷材楼地面				
011103003	塑料板楼地面				
011103004	塑料卷材楼地面				

1.4　其他材料面层项目(编码:011104)

其他材料面层项目包括地毯楼地面(011104001)、竹木(复合)地板(011104002)、金属复合地板(011104003)、防静电活动地板(011104004)4个清单项目。

其他材料面层工程量清单项目设置及工程量计算规则,应按表5-5执行。

表 5-5　其他材料面层项目（编码:011104）

项目编码	项目名称	项目特征	计量单位	工程量计算规则	工程内容
011104001	地毯楼地面	1. 面层材料品种、规格、颜色； 2. 防护材料种类； 3. 黏结材料种类； 4. 压线条种类	m²	按设计图示尺寸以面积计算。门洞、空圈、暖气包槽、壁龛的开口部分并入相应的工程量内	1. 基层清理； 2. 面层铺贴； 3. 刷防护材料； 4. 装钉压条； 5. 材料运输
011104002	竹木（复合）地板	1. 龙骨材料种类、规格、铺设间距； 2. 基层材料种类、规格； 3. 面层材料品种、规格、颜色； 4. 防护材料种类			1. 基层清理； 2. 龙骨铺设； 3. 基层铺设； 4. 面层铺贴； 5. 刷防护材料； 6. 材料运输
011104003	金属复合地板				1. 清理基层、抹找平层； 2. 铺设填充层； 3. 固定支架安装； 4. 活动面层安装； 5. 刷防护材料； 6. 材料运输
011104004	防静电活动地板	1. 支架高度、材料种类； 2. 面层材料品种、规格、颜色； 3. 防护材料种类			1. 基层清理； 2. 固定支架安装； 3. 活动面层安装； 4. 刷防护材料； 5. 材料运输

1.5　踢脚线项目（编码:011105）

踢脚线项目包括水泥砂浆踢脚线（011105001）、石材踢脚线（011105002）、块料踢脚线（011105003）、塑料板踢脚线（011105004）、木质踢脚线（011105005）、金属踢脚线（011105006）、防静电踢脚线（011105007）7 个清单项目。

踢脚线工程量清单项目设置及工程量计算规则,应按表 5-6 执行。

表5-6　踢脚线项目(编码:011105)

项目编码	项目名称	项目特征	计量单位	工程量计算规则	工程内容
011105001	水泥砂浆踢脚线	1.踢脚线高度; 2.底层厚度、砂浆配合比; 3.面层厚度、砂浆配合比	1.m²; 2.m	1.按设计图示长度乘高度以面积计算; 2.按延长米计算	1.基层清理; 2.底层和面层抹灰; 3.材料运输
011105002	石材踢脚线	1.踢脚线高度; 2.粘贴层厚度、材料种类; 3.面层材料品种、规格、颜色; 4.防护材料种类			1.基层清理; 2.底层抹灰; 3.面层铺贴、磨边; 4.擦缝; 5.磨光、酸洗、打蜡; 6.刷防护材料; 7.材料运输
011105003	块料踢脚线				
011105004	塑料板踢脚线	1.踢脚线高度; 2.黏结层厚度、材料种类; 3.面层材料种类、规格、颜色			1.基层清理; 2.基层铺贴; 3.面层铺贴; 4.材料运输
011105005	木质踢脚线	1.踢脚线高度; 2.基层材料种类、规格; 3.面层材料品种、规格、颜色			
011105006	金属踢脚线				
011105007	防静电踢脚线				

注:石材、块料与黏结材料的结合面刷防渗材料的种类在防护层材料种类中描述。

【例5-5】　如图5-35所示为某建筑平面图,室内为水泥砂浆地面,踢脚线做法为1:2水泥砂浆踢脚线,厚度为20 mm,高度为150 mm。试编制水泥砂浆踢脚线工程量清单。

解　1.计算工程量。

$$L = (3 \times 3 - 0.12 \times 2) \times 2 + (3 \times 2 - 0.12 \times 2) \times 2 - 1.2(门宽) +$$
$$[0.24 - 0.08(门框边)] \times 1/2 \times 2(门侧边) + 0.3 \times 4 \times 2(柱侧边)$$
$$= 30.40(m)$$

2.编制工程量清单。

工程量清单见表5-7。

表5-7　分部分项工程量清单

工程名称:××××

序号	项目编码	项目名称	计量单位	工程数量
1	011105001001	水泥砂浆踢脚线: 20 mm 厚1:2水泥砂浆; 踢脚线高150 mm	m	30.40

1.6 楼梯面层项目(编码:011106)

楼梯面层项目包括石材楼梯面层(011106001)、块料楼梯面层(011106002)、拼碎块料面层(011106003)、水泥砂浆楼梯面层(011106004)、现浇水磨石楼梯面层(011106005)、地毯楼梯面层(011106006)、木板楼梯面层(011106007)、橡胶板楼梯面层(011106008)、塑料板楼梯面层(011106009)9个清单项目。

楼梯面层工程量清单项目设置及工程量计算规则,应按表5-8执行。

表5-8 楼梯面层项目(编码:011106)

项目编码	项目名称	项目特征	计量单位	工程量计算规则	工程内容
011106001	石材楼梯面层	1. 找平层厚度、砂浆配合比; 2. 黏结层厚度、材料种类; 3. 面层材料品种、规格、颜色; 4. 防滑条材料种类、规格; 5. 勾缝材料种类; 6. 防护层材料种类; 7. 酸洗、打蜡要求	m²	按设计图示尺寸以楼梯(包括踏步、休息平台及小于等于500 mm的楼梯井)水平投影面积计算。楼梯与楼地面相连时,算至梯口梁内侧边沿;无梯口梁者,算至最上一层踏步边沿加300 mm	1. 基层清理; 2. 抹找平层; 3. 面层铺贴、磨边; 4. 贴嵌防滑条; 5. 勾缝; 6. 刷防护材料; 7. 酸洗、打蜡; 8. 材料运输
011106002	块料楼梯面层				
011106003	拼碎块料面层				
011106004	水泥砂浆楼梯面层	1. 找平层厚度、砂浆配合比; 2. 面层厚度、砂浆配合比; 3. 防滑条材料种类、规格			1. 基层清理; 2. 抹找平层; 3. 抹面层; 4. 抹防滑条; 5. 材料运输
011106005	现浇水磨石楼梯面层	1. 找平层厚度、砂浆配合比; 2. 面层厚度、水泥石子浆配合比; 3. 防滑条材料种类、规格; 4. 石子种类、规格、颜色; 5. 颜料种类、颜色; 6. 磨光、酸洗、打蜡要求			1. 基层清理; 2. 抹找平层; 3. 抹面层; 4. 贴嵌防滑条; 5. 磨光、酸洗、打蜡; 6. 材料运输
011106006	地毯楼梯面层	1. 基层种类; 2. 面层材料品种、规格、颜色; 3. 防护材料种类; 4. 黏结材料种类; 5. 固定配件材料种类、规格			1. 基层清理; 2. 面层铺贴; 3. 固定配件安装; 4. 刷防护材料; 5. 材料运输
011106007	木板楼梯面层	1. 基层材料种类、规格; 2. 面层材料品种、规格、颜色; 3. 黏结材料种类; 4. 防护材料种类			1. 基层清理; 2. 基层铺贴; 3. 面层铺贴; 4. 刷防护材料; 5. 材料运输
011106008	橡胶板楼梯面层	1. 黏结层厚度、材料种类; 2. 面层材料品种、规格、颜色; 3. 压线条种类			1. 基层清理; 2. 面层铺贴; 3. 压缝条装钉; 4. 材料运输
011106009	塑料板楼梯面层				

注:1. 在描述碎石材项目的面层材料特征时,可不描述规格、品牌、颜色。
　　2. 石材、块料与黏结材料的结合面刷防渗材料的种类在防护层材料种类中描述。

【例5-6】 如图5-36所示为楼梯贴花岗岩面层。其工程做法为:20 mm厚芝麻白磨光花岗岩(600 mm×600 mm)铺面;撒素水泥面(洒适量水);30 mm厚1:4干硬性水泥砂浆结合层;刷素水泥浆一道。试编制该项目工程量清单。

解 1.计算工程量。

楼梯井宽度为250 mm,小于500 mm,所以楼梯贴花岗岩面层的工程量为

$$S = \left[(1.4 \times 2 + 0.25) \times (0.2 + 9 \times 0.28 + 1.37) \right]$$
$$= 12.47 (\text{m}^2)$$

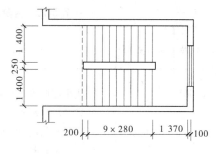

图5-36　楼梯平面示意图

2.编制工程量清单。工程量清单见表5-9。

表5-9　分部分项工程量清单

工程名称:××××

序号	项目编码	项目名称	计量单位	工程数量
1	011106001001	花岗岩楼梯面层: 20 mm厚芝麻白磨光花岗岩(600 mm×600 mm)铺面; 撒素水泥面(洒适量水); 30 mm厚1:4干硬性水泥砂浆结合层; 刷素水泥浆一道	m²	12.47

1.7　台阶装饰项目(编码:011107)

台阶装饰项目包括石材台阶面(011107001)、块料台阶面(011107002)、拼碎块料台阶面(011107003)、水泥砂浆台阶面(011107004)、现浇水磨石台阶面(011107005)、剁假石台阶面(011107006)6个清单项目。

台阶工程量计算示意图如图5-37所示。台阶装饰工程量清单项目设置及工程量计算规则,应按表5-10执行。

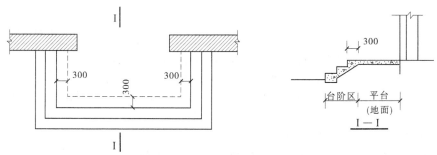

图5-37　台阶工程量计算示意图

表 5-10　台阶装饰项目（编码：011107）

项目编码	项目名称	项目特征	计量单位	工程量计算规则	工程内容
011107001	石材台阶面	1. 找平层厚度、砂浆配合比； 2. 黏结层材料种类； 3. 面层材料品种、规格、颜色； 4. 勾缝材料种类； 5. 防滑条材料种类、规格； 6. 防护材料种类	m²	按设计图示尺寸以台阶（包括最上层踏步边沿加 300 mm）水平投影面积计算	1. 基层清理； 2. 抹找平层； 3. 面层铺贴； 4. 贴嵌防滑条； 5. 勾缝； 6. 刷防护材料； 7. 材料运输
011107002	块料台阶面				
011107003	拼碎块料台阶面				
011107004	水泥砂浆台阶面	1. 垫层材料种类、厚度； 2. 找平层厚度、砂浆配合比； 3. 面层厚度、砂浆配合比； 4. 防滑条材料种类			1. 基层清理； 2. 铺设垫层； 3. 抹找平层； 4. 抹面层； 5. 抹防滑条； 6. 材料运输
011107005	现浇水磨石台阶面	1. 垫层材料种类、厚度； 2. 找平层厚度、砂浆配合比； 3. 面层厚度、水泥石子浆配合比； 4. 防滑条材料种类、规格； 5. 石子种类、规格、颜色； 6. 颜料种类、颜色； 7. 磨光、酸洗、打蜡要求			1. 清理基层； 2. 铺设垫层； 3. 抹找平层； 4. 抹面层； 5. 贴嵌防滑条； 6. 打磨、酸洗、打蜡； 7. 材料运输
011107006	剁假石台阶面	1. 垫层材料种类、厚度； 2. 找平层厚度、砂浆配合比； 3. 面层厚度、砂浆配合比； 4. 剁假石要求			1. 清理基层； 2. 铺设垫层； 3. 抹找平层； 4. 抹面层； 5. 剁假石； 6. 材料运输

注：1. 在描述碎石材项目的面层材料特征时，可不描述规格、品牌、颜色。

　　2. 石材、块料与黏结材料的结合面刷防渗材料的种类在防护层材料种类中描述。

　　3. 台阶面层与平台面层是同一种材料时，平台面层与台阶面层不可重复计算。当台阶计算最上一层踏步加 300 mm 时，则平台面层中必须扣除该面积。如果平台与台阶以平台外沿为分界线，在台阶报价时，最上一步台阶的踢面应考虑在台阶的报价内。

　　4. 台阶侧面装饰不包括在台阶面层项目内，应按零星装饰项目编码列项。

【例 5-7】　如图 5-38 所示为台阶贴花岗岩面层，其工程做法为：30 mm 厚芝麻白机刨花岗岩（600 mm × 600 mm）铺面，稀水泥浆擦缝；撒素水泥面（洒适量水）；30 mm 厚 1:4 干硬性水泥砂浆结合层,向外坡 1%;刷素水泥浆一道;60 mm 厚 C15 混凝土;150 mm 厚3∶7 灰土垫层;素土夯实。试编制花岗岩台阶工程量清单。

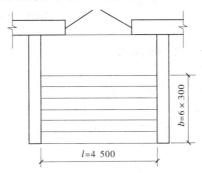

图 5-38　台阶平面示意图

解　1.计算工程量。

$$S = [4.5 \times (0.3 \times 6 + 0.3)] = 9.45(\text{m}^2)$$

2.编制工程量清单。工程量清单见表 5-11。

表 5-11　分部分项工程量清单

工程名称:××××

序号	项目编码	项目名称	计量单位	工程数量
1	011107001001	花岗岩台阶: 30 mm 厚芝麻白机刨花岗岩铺面,稀水泥浆擦缝; 撒素水泥面(洒适量水); 30 mm 厚 1∶4 干硬性水泥砂浆结合层,向外坡 1%; 刷素水泥浆一道; 60 mm 厚 C15 混凝土; 150 mm 厚3∶7灰土垫层	m²	9.45

1.8　零星装饰项目(编码:011108)

零星装饰项目包括石材零星项目(011108001)、拼碎石材零星项目(011108002)、块料零星项目(011108003)、水泥砂浆零星项目(011108004)4 个清单项目。

零星装饰工程量清单项目设置及工程量计算规则,应按表 5-12 执行。

2　墙柱面工程项目(编码:0112)

墙柱面工程清单规范说明:

隔墙:非承重墙的内墙,称为隔墙。作用为分隔房间。

隔断:分隔室内空间的装修构件。

表 5-12　零星装饰项目(编码:011108)

项目编码	项目名称	项目特征	计量单位	工程量计算规则	工程内容
011108001	石材零星项目	1. 工程部位; 2. 找平层厚度、砂浆配合比; 3. 结合层厚度、材料种类; 4. 面层材料品种、规格、颜色; 5. 勾缝材料种类; 6. 防护材料种类; 7. 酸洗、打蜡要求	m²	按设计图示尺寸以面积计算	1. 清理基层; 2. 抹找平层; 3. 面层铺贴、磨边; 4. 勾缝; 5. 刷防护材料; 6. 酸洗、打蜡; 7. 材料运输
011108002	拼碎石材零星项目				
011108003	块料零星项目				
011108004	水泥砂浆零星项目	1. 工程部位; 2. 找平层厚度、砂浆配合比; 3. 面层厚度、砂浆厚度			1. 清理基层; 2. 抹找平层; 3. 抹面层; 4. 材料运输

注:1. 楼梯、台阶牵边和侧面镶贴块料面层,小于等于 0.5 m² 的少量分散的楼地面镶贴块料面层,应按表 5-12 块料零星装饰项目执行。

2. 石材、块料与黏结材料的结合面刷防渗材料的种类在防护层材料种类中描述。

幕墙:是墙体的一种装饰形式或方式,外墙面使用较多,如图 5-39 所示。

图 5-39　玻璃幕墙

墙柱面工程包括墙面抹灰、柱(梁)面抹灰、零星抹灰、墙面块料面层、柱(梁)面镶贴块料、镶贴零星块料,墙饰面、柱(梁)饰面、幕墙、隔断等工程项目。

2.1　墙面抹灰项目(编码:011201)

墙面抹灰项目包括墙面一般抹灰(011201001)、墙面装饰抹灰(011201002)、墙面勾缝(011201003)、立面砂浆找平层(011201004)4 个清单项目。

墙面抹灰工程量清单项目设置及工程量计算规则,应按表 5-13 执行。

表 5-13　墙面抹灰项目(编码:011201)

项目编码	项目名称	项目特征	计量单位	工程量计算规则	工程内容
011201001	墙面一般抹灰	1.墙体类型; 2.底层厚度、砂浆配合比; 3.面层厚度、砂浆配合比; 4.装饰面材料种类; 5.分格缝宽度、材料种类	m²	按设计图示尺寸以面积计算。扣除墙裙、门窗洞口及单个大于 0.3 m² 的孔洞面积,不扣除踢脚线、挂镜线和墙与构件交接处的面积,门窗洞口和孔洞的侧壁及顶面不增加面积。附墙柱、梁、垛、烟囱侧壁并入相应的墙面面积内。 1.外墙抹灰面积按外墙垂直投影面积计算。	1.基层清理; 2.砂浆制作、运输; 3.底层抹灰; 4.抹面层; 5.抹装饰面; 6.勾分格缝
011201002	墙面装饰抹灰				
011201003	墙面勾缝	1.墙体类型; 2.勾缝类型; 3.勾缝材料种类		2.外墙裙抹灰面积按其长度乘以高度计算。 3.内墙抹灰面积按主墙间的净长乘以高度计算: (1)无墙裙的,高度按室内楼地面至天棚底面计算; (2)有墙裙的,高度按墙裙顶至天棚底面计算。 4.内墙裙抹灰面积按内墙净长乘以高度计算	1.基层清理; 2.砂浆制作、运输; 3.勾缝
011201004	立面砂浆找平层	1.墙体类型; 2.找平的砂浆厚度、配合比			1.基层清理; 2.砂浆制作、运输; 3.抹灰找平

注:1.立面砂浆找平项目适用于仅做找平层的立面抹灰。

2.抹石灰砂浆、水泥砂浆、混合砂浆、聚合物水泥砂浆、麻刀石灰浆、石膏灰浆等按墙面一般抹灰列项,水刷石、斩假石、干粘石、假面砖等按墙面装饰抹灰列项。

3.飘窗凸出外墙面增加的抹灰面积并入外墙工程量内。

4.有吊顶天棚的内墙抹灰,抹到吊顶以上部分在综合单价中考虑。

【例 5-8】　如图 5-35 所示建筑平面图,窗洞口尺寸均为 1 500 mm×1 800 mm,门洞口尺寸为 1 200 mm×2 400 mm,室内地面至天棚底面净高为 3.2 m,内墙采用水泥砂浆抹灰(无墙裙),具体工程做法为:喷乳胶漆 3 遍;5 mm 厚 1:0.3:2.5 水泥石膏砂浆抹面压实抹光;13 mm 厚 1:1:6 水泥石膏砂浆打底扫毛。试编制内墙面抹灰工程工程量清单。

解　1.计算内墙面抹灰工程量。

$S = (9 - 0.24 + 6 - 0.24) \times 2 \times 3.2 - 1.5 \times 1.8 \times 5 - 1.2 \times 2.4 = 76.55 (\text{m}^2)$

2.编制工程量清单。工程量清单见表 5-14。

表5-14　分部分项工程量清单

工程名称：××××

序号	项目编码	项目名称	计量单位	工程数量
1	011201001001	墙面一般抹灰(内墙)： 喷乳胶漆3遍； 5 mm厚1:0.3:2.5水泥石膏砂浆抹面压实抹光； 13 mm厚1:1:6水泥石膏砂浆打底扫毛	m²	76.55

2.2　柱(梁)面抹灰项目(编码:011202)

柱(梁)面抹灰项目包括柱(梁)面一般抹灰(011202001)、柱(梁)面装饰抹灰(011202002)、柱(梁)面砂浆找平(011202003)、柱(梁)面勾缝(011202004)4个清单项目。

柱(梁)面抹灰工程量清单项目设置及工程量计算规则,应按表5-15执行。

表5-15　柱(梁)面抹灰项目(编码:011202)

项目编码	项目名称	项目特征	计量单位	工程量计算规则	工程内容
011202001	柱(梁)面一般抹灰	1. 柱体类型； 2. 底层厚度、砂浆配合比； 3. 面层厚度、砂浆配合比； 4. 装饰面材料种类； 5. 分格缝宽度、材料种类	m²	1. 柱面抹灰：按设计图示柱断面周长乘高度以面积计算； 2. 梁面抹灰：按设计图示梁断面周长乘长度以面积计算	1. 基层清理； 2. 砂浆制作、运输； 3. 底层抹灰； 4. 抹面层； 5. 勾分格缝
011202002	柱(梁)面装饰抹灰				
011202003	柱(梁)面砂浆找平	1. 柱体类型； 2. 找平的砂浆厚度、配合比			1. 基层清理； 2. 砂浆制作、运输； 3. 抹灰找平
011202004	柱(梁)面勾缝	1. 墙体类型； 2. 勾缝类型； 3. 勾缝材料种类		按设计图示柱断面周长乘高度以面积计算	1. 基层清理； 2. 砂浆制作、运输； 3. 勾缝

注:1. 砂浆找平项目适用于仅做找平层的柱(梁)面抹灰。

　　2. 抹石灰砂浆、水泥砂浆、混合砂浆、聚合物水泥砂浆、麻刀石灰浆、石膏灰浆等按柱(梁)面一般抹灰编码列项,水刷石、斩假石、干粘石、假面砖等按柱(梁)面装饰抹灰编码列项。

2.3　零星抹灰项目(编码:011203)

零星抹灰项目包括零星项目一般抹灰(011203001)、零星项目装饰抹灰(011203002)和零星项目砂浆找平(011203003)3个清单项目。

零星抹灰工程量清单项目设置及工程量计算规则,应按表5-16执行。

表 5-16　零星抹灰项目(编码:011203)

项目编码	项目名称	项目特征	计量单位	工程量计算规则	工程内容
011203001	零星项目一般抹灰	1. 墙体类型; 2. 底层厚度、砂浆配合比; 3. 面层厚度、砂浆配合比; 4. 装饰面材料种类; 5. 分格缝宽度、材料种类	m²	按设计图示尺寸以面积计算	1. 基层清理; 2. 砂浆制作、运输; 3. 底层抹灰; 4. 抹面层; 5. 抹装饰面; 6. 勾分格缝
011203002	零星项目装饰抹灰				
011203003	零星项目砂浆找平	1. 基层类型; 2. 找平的砂浆厚度、配合比			1. 基层清理; 2. 砂浆制作、运输; 3. 抹灰找平

注:1. 抹石灰砂浆、水泥砂浆、混合砂浆、聚合物水泥砂浆、麻刀石灰浆、石膏灰浆等按零星项目一般抹灰编码列项,水刷石、斩假石、干粘石、假面砖等按零星项目装饰抹灰编码列项。

　　2. 墙、柱(梁)面小于等于 0.5 m² 的少量分散的抹灰按零星抹灰项目编码列项。

2.4　墙面块料面层项目(编码:011204)

墙面块料面层项目包括石材墙面(011204001)、拼碎石材墙面(011204002)、块料墙面(011204003)、干挂石材钢骨架(011204004)4 个清单项目。

墙面块料面层工程量清单项目设置及工程量计算规则,应按表 5-17 执行。

表 5-17　墙面块料面层项目(编码:011204)

项目编码	项目名称	项目特征	计量单位	工程量计算规则	工程内容
011204001	石材墙面	1. 墙体类型; 2. 安装方式; 3. 面层材料品种、规格、颜色; 4. 缝宽、嵌缝材料种类; 5. 防护材料种类; 6. 磨光、酸洗、打蜡要求	m²	按镶贴表面积计算	1. 基层清理; 2. 砂浆制作、运输; 3. 黏结层铺贴; 4. 面层安装; 5. 嵌缝; 6. 刷防护材料; 7. 磨光、酸洗、打蜡
011204002	拼碎石材墙面				
011204003	块料墙面				
011204004	干挂石材钢骨架	1. 骨架种类、规格; 2. 防锈漆品种、遍数	t	按设计图示以质量计算	1. 骨架制作、运输、安装; 2. 刷漆

注:1. 在描述碎块项目的面层材料特征时,可不描述规格、品牌、颜色。

　　2. 石材、块料与黏结材料的结合面刷防渗材料的种类在防护层材料种类中描述。

　　3. 安装方式可描述为砂浆或黏结剂粘贴、挂贴、干挂等,不论哪种安装方式,都要详细描述与组价相关的内容。干挂方式是指直接干挂法,是通过不锈钢膨胀螺栓、不锈钢挂件、不锈钢连接件、不锈钢钢针等,将外墙饰面板连接在外墙墙面;间接干挂法,是指通过固定在墙、柱、梁上的龙骨,再通过各种挂件固定外墙饰面板。

【例 5-9】　某卫生间的一侧墙面 1∶2 水泥砂浆贴 2 m 高的白色墙砖(300 mm×400

mm),窗内侧壁贴墙砖宽120 mm,如图5-40所示。试编制贴墙砖工程量清单。

解　根据工程量计算规则,墙面块料面层按镶贴表面积计算。

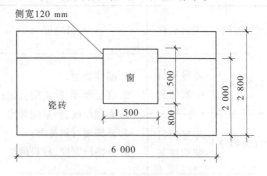

图5-40　某卫生间墙面示意图

1. 计算墙面贴墙砖工程量。

$$S_1 = 6.0 \times 2.0 - 1.5 \times (1.5 - 0.3) +$$
$$[(2.0 - 0.8) \times 2 + 1.5] \times$$
$$0.12$$
$$= 10.67 (\mathrm{m}^2)$$

2. 编制工程量清单。工程量清单见表5-18。

表5-18　分部分项工程量清单

工程名称:××××

序号	项目编码	项目名称	计量单位	工程数量
1	011204003001	块料墙面面层: 1:2水泥砂浆; 白色墙砖(300 mm×400 mm); 窗内侧壁贴墙砖宽120 mm	m^2	10.67

2.5　柱(梁)面镶贴块料项目(编码:011205)

柱(梁)面镶贴块料项目包括石材柱面(011205001)、块料柱面(011205002)、拼碎块柱面(011205003)、石材梁面(011205004)、块料梁面(011205005)5个清单项目。

柱(梁)面镶贴块料工程量清单项目设置及工程量计算规则,应按表5-19执行。

表5-19　柱(梁)面镶贴块料项目(编码:011205)

项目编码	项目名称	项目特征	计量单位	工程量计算规则	工程内容
011205001	石材柱面	1. 柱截面类型、尺寸; 2. 安装方式; 3. 面层材料品种、规格、颜色; 4. 缝宽、嵌缝材料种类; 5. 防护材料种类; 6. 磨光、酸洗、打蜡要求	m^2	按镶贴表面积计算	1. 基层清理; 2. 砂浆制作、运输; 3. 黏结层铺贴; 4. 面层安装; 5. 嵌缝; 6. 刷防护材料; 7. 磨光、酸洗、打蜡
011205002	块料柱面				
011205003	拼碎块柱面				
011205004	石材梁面	1. 安装方式; 2. 面层材料品种、规格、颜色; 3. 缝宽、嵌缝材料种类; 4. 防护材料种类; 5. 磨光、酸洗、打蜡要求			
011205005	块料梁面				

注:1. 在描述碎块项目的面层材料特征时,可不描述规格、品牌、颜色。

2. 石材、块料与黏结材料的结合面刷防渗材料的种类在防护层材料种类中描述。

3. 柱梁面干挂石材的钢骨架按表5-17中相应项目编码列项。

2.6 镶贴零星块料项目(编码:011206)

镶贴零星块料项目包括石材零星项目(011206001)、块料零星项目(011206002)和拼碎块零星项目(011206003)3个清单项目。

镶贴零星块料工程量清单项目设置及工程量计算规则,应按表5-20执行。

表5-20 镶贴零星块料项目(编码:011206)

项目编码	项目名称	项目特征	计量单位	工程量计算规则	工程内容
011206001	石材零星项目	1. 基层类型、部位; 2. 安装方式; 3. 面层材料品种、规格、颜色; 4. 缝宽、嵌缝材料种类; 5. 防护材料种类; 6. 磨光、酸洗、打蜡要求	m^2	按镶贴表面积计算	1. 基层清理; 2. 砂浆制作、运输; 3. 面层安装; 4. 嵌缝; 5. 刷防护材料; 6. 磨光、酸洗、打蜡
011206002	块料零星项目				
011206003	拼碎块零星项目				

注:1. 在描述碎块项目的面层材料特征时,可不描述规格、品牌、颜色。

2. 石材、块料与黏结材料的结合面刷防渗材料的种类在防护层材料种类中描述。

3. 零星项目干挂石材的钢骨架按表5-17相应项目编码列项。

4. 墙柱面小于等于0.5 m^2的少量分散的镶贴块料面层应按零星项目执行。

2.7 墙饰面项目(编码:011207)

墙饰面项目包括墙面装饰板(011207001)、墙面装饰浮雕(011207002)2个清单项目。墙饰面适用于金属饰面板、塑料饰面板、木质饰面板、软包带衬板饰面等装饰板墙面。

墙饰面工程量清单项目设置及工程量计算规则,应按表5-21执行。

表5-21 墙饰面项目(编码:011207)

项目编码	项目名称	项目特征	计量单位	工程量计算规则	工程内容
011207001	墙面装饰板	1. 龙骨材料种类、规格、中距; 2. 隔离层材料种类、规格; 3. 基层材料种类、规格; 4. 面层材料品种、规格、颜色; 5. 压条材料种类、规格	m^2	按设计图示墙净长乘净高以面积计算。扣除门窗洞口及单个大于0.3 m^2的孔洞所占面积	1. 基层清理; 2. 龙骨制作、运输、安装; 3. 钉隔离层; 4. 基层铺钉; 5. 面层铺贴
011207002	墙面装饰浮雕	1. 基层类型; 2. 浮雕材料种类; 3. 浮雕样式		按设计图示尺寸以面积计算	1. 基层清理; 2. 材料制作、运输; 3. 安装成型

2.8 柱(梁)饰面项目(编码:011208)

柱(梁)饰面项目适用于除石材、块料装饰柱、梁面外的装饰项目,包括柱(梁)面装饰(011208001)、成品装饰柱(011208002)2个清单项目。

柱(梁)饰面工程量清单项目设置及工程量计算规则,应按表5-22执行。

表5-22 柱(梁)饰面项目(编码:011208)

项目编码	项目名称	项目特征	计量单位	工程量计算规则	工程内容
011208001	柱(梁)面装饰	1.龙骨材料种类、规格、中距; 2.隔离层材料种类; 3.基层材料种类、规格; 4.面层材料品种、规格、颜色; 5.压条材料种类、规格	m²	按设计图示饰面外围尺寸以面积计算。柱帽、柱墩并入相应柱饰面工程量内	1.清理基层; 2.龙骨制作、运输; 3.安装; 4.钉隔离层; 5.基层铺钉; 6.面层铺贴
011208002	成品装饰柱	1.柱截面、高度尺寸; 2.柱材质	1.根 2.m	1.以根计量,按设计数量计算; 2.以米计量,按设计长度计算	柱运输、固定、安装

2.9 幕墙工程项目(编码:011209)

幕墙工程项目包括带骨架幕墙(011209001)和全玻(无框玻璃)幕墙(011209002)2个清单项目。

幕墙工程项目工程量清单项目设置及工程量计算规则,应按表5-23执行。

表5-23 幕墙工程项目(编码:011209)

项目编码	项目名称	项目特征	计量单位	工程量计算规则	工程内容
011209001	带骨架幕墙	1.骨架材料种类、规格、中距; 2.面层材料品种、规格、颜色; 3.面层固定方式; 4.隔离带、框边封闭材料品种、规格; 5.嵌缝、塞口材料种类	m²	按设计图示框外围尺寸以面积计算。与幕墙同种材质的窗所占面积不扣除	1.骨架制作、运输、安装; 2.面层安装; 3.隔离带、框边封闭; 4.嵌缝、塞口; 5.清洗
011209002	全玻(无框玻璃)幕墙	1.玻璃品种、规格、颜色; 2.黏结塞口材料种类; 3.固定方式		按设计图示尺寸以面积计算。带肋全玻幕墙按展开面积计算	1.幕墙安装; 2.嵌缝、塞口; 3.清洗

2.10　隔断项目(编码:011210)

隔断项目包括木隔断(011210001)、金属隔断(011210002)、玻璃隔断(011210003)、塑料隔断(011210004)、成品隔断(011210005)及其他隔断(011210006)6个清单项目。

隔断工程量清单项目设置及工程量计算规则,应按表5-24执行。

表5-24　隔断项目(编码:011210)

项目编码	项目名称	项目特征	计量单位	工程量计算规则	工程内容
011210001	木隔断	1. 骨架、边框材料种类、规格; 2. 隔板材料品种、规格、颜色; 3. 嵌缝、塞口材料品种; 4. 压条材料种类	m²	按设计图示框外围尺寸以面积计算。不扣除单个小于等于0.3 m²的孔洞所占面积;浴厕门的材质与隔断相同时,门的面积并入隔断面积内	1. 骨架及边框制作、运输、安装; 2. 隔板制作、安装、运输; 3. 嵌缝、塞口; 4. 装钉压条
011210002	金属隔断	1. 骨架、边框材料种类、规格; 2. 隔板材料品种、规格、颜色; 3. 嵌缝、塞口材料品种	m²		1. 骨架及边框制作、安装、运输; 2. 隔板制作、安装、运输; 3. 嵌缝、塞口
011210003	玻璃隔断	1. 边框材料种类、规格; 2. 玻璃品种、规格、颜色; 3. 嵌缝、塞口材料品种	m²	按设计图示框外围尺寸以面积计算。不扣除单个小于等于0.3 m²的孔洞所占面积	1. 边框制作、安装、运输; 2. 玻璃制作、安装、运输; 3. 嵌缝、塞口
011210004	塑料隔断	1. 边框材料种类、规格; 2. 隔板材料品种、规格、颜色; 3. 嵌缝、塞口材料品种	m²		1. 骨架及边框制作、运输、安装; 2. 隔板制作、安装、运输; 3. 嵌缝、塞口
011210005	成品隔断	1. 隔断材料品种、规格、颜色; 2. 配件品种、规格	1. m² 2. 间	1. 按设计图示框外围尺寸以面积计算; 2. 按设计间的数量以间计算	1. 隔断运输、安装; 2. 嵌缝、塞口
011210006	其他隔断	1. 骨架、边框材料种类、规格; 2. 隔板材料品种、规格、颜色; 3. 嵌缝、塞口材料品种	m²	按设计图示框外围尺寸以面积计算。不扣除单个小于等于0.3 m²的孔洞所占面积	1. 骨架及边框安装; 2. 隔板安装; 3. 嵌缝、塞口

3 天棚工程项目(编码:0113)

天棚工程适用于天棚装饰工程。天棚工程主要包括天棚抹灰、天棚吊顶、采光天棚、天棚其他装饰等项目。

3.1 天棚抹灰项目(编码:011301)

天棚抹灰项目适用于在各种基层(混凝土现浇板、预制板、木板条等)上的抹灰工程,包括天棚抹灰(011301001)1个清单项目。图5-41为抹灰天棚示意图。

图5-41 抹灰天棚示意图

天棚抹灰工程量清单项目设置及工程量计算规则,应按表5-25执行。

表5-25 天棚抹灰项目(编码:011301)

项目编码	项目名称	项目特征	计量单位	工程量计算规则	工程内容
011301001	天棚抹灰	1.基层类型; 2.抹灰厚度、材料种类; 3.砂浆配合比	m²	按设计图示尺寸以水平投影面积计算。不扣除间壁墙、垛、柱、附墙烟囱、检查口和管道所占的面积,带梁天棚、梁两侧抹灰面积并入天棚面积内,板式楼梯底面抹灰按斜面积计算,锯齿形楼梯底板抹灰按展开面积计算	1.基层清理; 2.底层抹灰; 3.抹面层

3.2 天棚吊顶项目(编码:011302)

天棚吊顶项目包括吊顶天棚(011302001)、格栅吊顶(011302002)、吊筒吊顶(011302003)、藤条造型悬挂吊顶(011302004)、织物软雕吊顶(011302005)、装饰网架吊顶(011302006)6个清单项目。

天棚吊顶工程量清单项目设置及工程量计算规则,应按表5-26执行。

表 5-26　天棚吊顶项目（编码:011302）

项目编码	项目名称	项目特征	计量单位	工程量计算规则	工程内容
011302001	吊顶天棚	1. 吊顶形式、吊杆规格、高度; 2. 龙骨材料种类、规格、中距; 3. 基层材料种类、规格; 4. 面层材料品种、规格; 5. 压条材料种类、规格; 6. 嵌缝材料种类; 7. 防护材料种类	m²	按设计图示尺寸以水平投影面积计算。天棚面中的灯槽及跌级、锯齿形、吊挂式、藻井式天棚面积不展开计算。不扣除间壁墙、检查口、附墙烟囱、柱垛和管道所占面积,扣除单个大于0.3 m²的孔洞、独立柱及与天棚相连的窗帘盒所占的面积	1. 基层清理、吊杆安装; 2. 龙骨安装; 3. 基层板铺贴; 4. 面层铺贴; 5. 嵌缝; 6. 刷防护材料
011302002	格栅吊顶	1. 龙骨材料种类、规格、中距; 2. 基层材料种类、规格; 3. 面层材料品种、规格; 4. 防护材料种类		按设计图示尺寸以水平投影面积计算	1. 基层清理; 2. 安装龙骨; 3. 基层板铺贴; 4. 面层铺贴; 5. 刷防护材料
011302003	吊筒吊顶	1. 吊筒形状、规格; 2. 吊筒材料种类; 3. 防护材料种类			1. 基层清理; 2. 吊筒制作安装; 3. 刷防护材料
011302004	藤条造型悬挂吊顶	1. 骨架材料种类、规格; 2. 面层材料品种、规格			1. 基层清理; 2. 龙骨安装; 3. 面层铺贴
011302005	织物软雕吊顶				
011302006	装饰网架吊顶	网架材料品种、规格			1. 基层清理; 2. 网架制作安装

　　天棚吊顶形式是指平面、跌级、锯齿形、阶梯形、吊挂式、藻井式以及矩形、弧形、拱形等形式,如图 5-42 所示,应在清单项目中进行描述。

　　平面:是指吊顶面层在同一平面上的天棚。

　　跌级:是指形状比较简单,不带灯槽,一个空间只有一个凸形或凹形的天棚。

　　基层材料:是指底板或面层背后的加强材料。

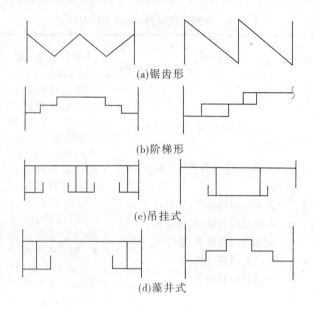

(a)锯齿形

(b)阶梯形

(c)吊挂式

(d)藻井式

图 5-42 天棚吊顶形式示意图

面层材料的品种是指石膏板(包括装饰石膏板、纸面石膏板、吸音穿孔石膏板、嵌装式装饰石膏板等)、埃特板、装饰吸音罩面板(包括矿棉装饰吸音、贴塑矿(岩)棉吸音板、膨胀珍珠岩石装饰吸音板、玻璃棉装饰吸音板等)、塑料装饰罩面板(钙塑泡沫装饰吸音板、聚苯乙烯泡沫塑料装饰吸音板(聚氯乙烯塑料天花板等)、纤维水泥加压板(包括穿孔吸音石棉水泥板、轻质硅酸钙吊顶板等)、金属装饰板(包括铝合金罩面板、金属微孔吸音板、铝合金单体构件等)、木质饰板(胶合板、薄板、板条、水泥木丝板、刨花板等)、玻璃饰面(包括镜面玻璃、镭射玻璃等)。

注意:在同一个工程中,如果龙骨材料种类、规格、中距有所不同,或者虽然龙骨材料种类、规格、中距相同,但基层或面层材料的品种、规格、品牌不同,则应分别编码列项。

天棚的检查孔,天棚内的检修走道、灯槽等应包括在报价内。

天棚设置保温、隔热、吸音层时,按工程量清单相关项目编码列项。

【例 5-10】 如图 5-43 所示为某会议室吊顶平面、剖面图,顶棚做法为 C60 轻钢龙骨、纸面石膏板基层、白色乳胶漆面层。试计算吊顶工程量,并列出工程量清单。如果会议室中的两根独立柱的断面尺寸改为 $600\ mm \times 700\ mm$(矩形柱),其顶棚装饰工程量是多少?

解 1.计算吊顶工程量。

$S = 8.5 \times 5.2 = 44.20(m^2)$

2.编制工程量清单。

工程量清单见表 5-27。

3.独立柱的断面尺寸改为 $600\ mm \times 700\ mm$(矩形柱)时,柱截面面积大于 $0.3\ m^2$,应扣除柱所占面积,天棚吊顶工程量为

$S = 8.5 \times 5.2 - 0.6 \times 0.7 \times 2$

$= 43.36(m^2)$

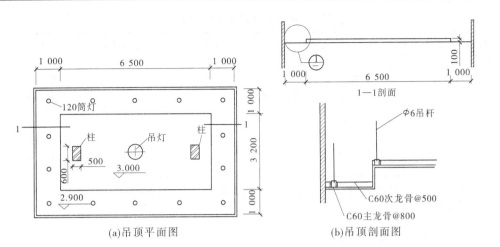

(a)吊顶平面图　　　　(b)吊顶剖面图

图 5-43　某会议室吊顶平面、剖面图

表 5-27　分部分项工程量清单

工程名称：××××

序号	项目编码	项目名称	计量单位	工程数量
1	011302001001	天棚吊顶： C60 轻钢龙骨； 纸面石膏板基层； 白色乳胶漆面层	m²	44.20

3.3　采光天棚项目(编码:011303)

采光天棚项目包括采光天棚(011303001)一个清单项目。图 5-44 为采光天棚。

图 5-44　采光天棚

采光天棚工程量清单项目设置及工程量计算规则,应按表 5-28 执行。

表 5-28　采光天棚项目(编码:011303)

项目编码	项目名称	项目特征	计量单位	工程量计算规则	工程内容
011303001	采光天棚	1. 骨架类型; 2. 固定类型,固定材料品种、规格; 3. 面层材料品种、规格; 4. 嵌缝、塞口材料种类	m²	按框外围展开面积计算	1. 清理基层; 2. 面层制作、安装; 3. 嵌缝、塞口; 4. 清洗

注:采光天棚骨架不包括在本节中,应单独按《房屋建筑与装饰工程工程量计算规范》附录 F(金属结构工程)相关项目编码列项。

3.4　天棚其他装饰项目(编码:011304)

天棚其他装饰项目包括灯带(槽)(011304001),送风口、回风口(011304002)2 个清单项目。

天棚其他装饰工程量清单项目设置及工程量计算规则,应按表 5-29 执行。

表 5-29　天棚其他装饰项目(编码:011304)

项目编码	项目名称	项目特征	计量单位	工程量计算规则	工程内容
011304001	灯带(槽)	1. 灯带形式、尺寸; 2. 格栅片材料品种、规格; 3. 安装固定方式	m²	按设计图示尺寸以框外围面积计算	安装、固定
011304002	送风口、回风口	1. 风口材料品种、规格; 2. 安装固定方式; 3. 防护材料种类	个	按设计图示数量计算	1. 安装、固定; 2. 刷防护材料

4　油漆、涂料、裱糊工程项目(编码:0114)

油漆、涂料、裱糊工程主要包括门油漆,窗油漆,木扶手及其他板条、线条油漆,木材面油漆,金属面油漆,抹灰面油漆,喷刷涂料及裱糊等项目。

4.1　门油漆项目(编码:011401)

门油漆项目包括木门油漆(011401001)和金属门油漆(011401002)2 个清单项目。

门油漆工程量清单项目设置及工程量计算规则,应按表 5-30 执行。

表 5-30　门油漆项目（编码:011401）

项目编码	项目名称	项目特征	计量单位	工程量计算规则	工程内容
011401001	木门油漆	1. 门类型; 2. 门代号及洞口尺寸; 3. 腻子种类; 4. 刮腻子遍数; 5. 防护材料种类; 6. 油漆品种、刷漆遍数	1. 樘; 2. m²	1. 以樘计量,按设计图示数量计量; 2. 以平方米计量,按设计图示洞口尺寸以面积计算	1. 基层清理; 2. 刮腻子; 3. 刷防护材料、油漆
011401002	金属门油漆				1. 除锈、基层清理; 2. 刮腻子; 3. 刷防护材料、油漆

注:1. 木门油漆应区分木大门、单层木门、双层(一玻一纱)木门、双层(单裁口)木门、全玻自由门、半玻自由门、装饰门及有框门或无框门等项目,分别编码列项。

　2. 金属门油漆应区分平开门、推拉门、钢制防火门编码列项。

　3. 以平方米计量的,项目特征可不必描述洞口尺寸。

　4. 腻子种类分石膏油腻子(熟桐油、石膏粉、适量水)、胶腻子(大白、色粉、羧甲基纤维素)、漆片腻子(漆片、酒精、石膏粉、适量色粉)、油腻子(矾石粉、桐油、脂肪酸、松香)等。

　5. 刮腻子要求指刮腻子遍数(道数)、满刮腻子、找补腻子等。

4.2　窗油漆项目(编码:011402)

窗油漆项目包括木窗油漆(011402001)和金属窗油漆(011402002)2个清单项目。

窗油漆工程量清单项目设置及工程量计算规则,应按表 5-31 执行。

表 5-31　窗油漆项目(编码:011402)

项目编码	项目名称	项目特征	计量单位	工程量计算规则	工程内容
011402001	木窗油漆	1. 窗类型; 2. 窗代号及洞口尺寸; 3. 腻子种类; 4. 刮腻子遍数; 5. 防护材料种类; 6. 油漆品种、刷漆遍数	1. 樘; 2. m²	1. 以樘计量,按设计图示数量计量; 2. 以平方米计量,按设计图示洞口尺寸以面积计算	1. 基层清理; 2. 刮腻子; 3. 刷防护材料、油漆
011402002	金属窗油漆				1. 除锈、基层清理; 2. 刮腻子; 3. 刷防护材料、油漆

注:1. 木窗油漆应区分单层木窗、双层(一玻一纱)木窗、双层框扇(单裁口)木窗、双层框三层(二玻一纱)木窗、单层组合窗、双层组合窗、木百叶窗、木推拉窗等项目,分别编码列项。

　2. 金属窗油漆应区分平开窗、推拉窗、固定窗、组合窗、金属隔栅窗分别列项。

　3. 以平方米计量的,项目特征可不必描述洞口尺寸。

4.3 木扶手及其他板条、线条油漆项目(编码:011403)

木扶手及其他板条、线条油漆项目包括木扶手油漆(011403001),窗帘盒油漆(011403002),封檐板、顺水板油漆(011403003),挂衣板、黑板框油漆(011403004),挂镜线、窗帘棍、单独木线油漆(011403005)5个清单项目。

木扶手及其他板条、线条油漆工程量清单项目设置及工程量计算规则,应按表5-32执行。

表5-32 木扶手及其他板条、线条油漆项目(编码:011403)

项目编码	项目名称	项目特征	计量单位	工程量计算规则	工程内容
011403001	木扶手油漆	1.断面尺寸; 2.腻子种类; 3.刮腻子遍数; 4.防护材料种类; 5.油漆品种、刷漆遍数	m	按设计图示尺寸以长度计算	1.基层清理; 2.刮腻子; 3.刷防护材料、油漆
011403002	窗帘盒油漆				
011403003	封檐板、顺水板油漆				
011403004	挂衣板、黑板框油漆				
011403005	挂镜线、窗帘棍、单独木线油漆				

注:木扶手应区分带托板与不带托板,分别编码列项,若是木栏杆带扶手,木扶手不应单独列项,应包含在木栏杆油漆中。楼梯木扶手工程量按中心线斜长计算,弯头长度应计算在扶手长度内。

4.4 木材面油漆项目(编码:011404)

木材面油漆项目包括木护墙、木墙裙油漆(011404001),窗台板、筒子板、盖板、门窗套、踢脚线油漆(011404002),清水板条天棚、檐口油漆(011404003),木方格吊顶天棚油漆(011404004),吸音板墙面、天棚面油漆(011404005),暖气罩油漆(011404006),其他木材面(011404007),木间壁、木隔断油漆(011404008),玻璃间壁露明墙筋油漆(011404009),木栅栏、木栏杆(带扶手)油漆(011404010),衣柜、壁柜油漆(011404011),梁柱饰面油漆(011404012),零星木装修油漆(011404013),木地板油漆(011404014),木地板烫硬蜡面(011404015)15个清单项目。

木材面油漆工程量清单项目设置及工程量计算规则,应按表5-33执行。

4.5 金属面油漆(编码:011405)

金属面油漆项目包括金属面油漆(011405001)1个清单项目。

金属面油漆工程量清单项目设置及工程量计算规则,应按表5-34执行。

表 5-33　木材面油漆项目(编码:011404)

项目编码	项目名称	项目特征	计量单位	工程量计算规则	工程内容
011404001	木护墙、木墙裙油漆	1. 腻子种类； 2. 刮腻子遍数； 3. 防护材料种类； 4. 油漆品种、刷漆遍数	m²	按设计图示尺寸以面积计算	1. 基层清理； 2. 刮腻子； 3. 刷防护材料、油漆
011404002	窗台板、筒子板、盖板、门窗套、踢脚线油漆				
011404003	清水板条天棚、檐口油漆				
011404004	木方格吊顶天棚油漆				
011404005	吸音板墙面、天棚面油漆				
011404006	暖气罩油漆				
011404007	其他木材面				
011404008	木间壁、木隔断油漆	1. 腻子种类； 2. 刮腻子遍数； 3. 防护材料种类； 4. 油漆品种、刷漆遍数	m²	按设计图示尺寸以单面外围面积计算	
011404009	玻璃间壁露明墙筋油漆				
011404010	木栅栏、木栏杆(带扶手)油漆				
011404011	衣柜、壁柜油漆			按设计图示尺寸以油漆部分展开面积计算	
011404012	梁柱饰面油漆				
011404013	零星木装修油漆				
011404014	木地板油漆			按设计图示尺寸以面积计算。空洞、空圈、暖气包槽、壁龛的开口部分并入相应的工程量内	
011404015	木地板烫硬蜡面	1. 硬蜡品种； 2. 面层处理要求			1. 基层清理； 2. 烫蜡

表 5-34　金属面油漆项目(编码:011405)

项目编码	项目名称	项目特征	计量单位	工程量计算规则	工程内容
011405001	金属面油漆	1. 构件名称； 2. 腻子种类； 3. 刮腻子要求； 4. 防护材料种类； 5. 油漆品种、刷漆遍数	1. t； 2. m²	1. 以吨计量，按设计图示尺寸以质量计算； 2. 以平方米计量，按设计展开面积计算	1. 基层清理； 2. 刮腻子； 3. 刷防护材料、油漆

4.6　抹灰面油漆项目(编码:011406)

抹灰面油漆项目包括抹灰面油漆(011406001)、抹灰线条油漆(011406002)和满刮腻子(011406003)3个清单项目。图5-45为油漆墙裙。

图5-45 油漆墙裙

抹灰面油漆工程量清单项目设置及工程量计算规则,应按表5-35执行。

表5-35 抹灰面油漆项目(编码:011406)

项目编码	项目名称	项目特征	计量单位	工程量计算规则	工程内容
011406001	抹灰面油漆	1.基层类型; 2.腻子种类; 3.刮腻子遍数; 4.防护材料种类; 5.油漆品种、刷漆遍数; 6.部位	m²	按设计图示尺寸以面积计算	1.基层清理; 2.刮腻子; 3.刷防护材料、油漆
011406002	抹灰线条油漆	1.线条宽度、道数; 2.腻子种类; 3.刮腻子遍数; 4.防护材料种类; 5.油漆品种、刷漆遍数	m	按设计图示尺寸以长度计算	
011406003	满刮腻子	1.基层类型; 2.腻子种类; 3.刮腻子遍数	m²	按设计图示尺寸以面积计算	1.基层清理; 2.刮腻子

4.7 喷刷涂料项目(编码:011407)

喷刷涂料项目包括墙面喷刷涂料(011407001),天棚喷刷涂料(011407002),空花格、栏杆刷涂料(011407003),线条刷涂料(011407004),金属构件刷防火涂料(011407005)及木材构件喷刷防火涂料(011407006)6个清单项目。

喷刷涂料工程量清单项目设置及工程量计算规则,应按表5-36执行。

表5-36　喷刷涂料项目(编码:011407)

项目编码	项目名称	项目特征	计量单位	工程量计算规则	工程内容
011407001	墙面喷刷涂料	1.基层类型; 2.喷刷涂料部位; 3.腻子种类; 4.刮腻子要求; 5.涂料品种、喷刷遍数	m²	按设计图示尺寸以面积计算	1.基层清理; 2.刮腻子; 3.刷、喷涂料
011407002	天棚喷刷涂料				
011407003	空花格、栏杆刷涂料	1.腻子种类; 2.刮腻子遍数; 3.涂料品种、刷喷遍数		按设计图示尺寸以单面外围面积计算	
011407004	线条刷涂料	1.基层清理; 2.线条宽度; 3.刮腻子遍数; 4.刷防护材料、油漆	m	按设计图示尺寸以长度计算	
011407005	金属构件刷防火涂料	1.喷刷防火涂料构件名称; 2.防火等级要求; 3.涂料品种、喷刷遍数	1.t 2.m²	1.以吨计量,按设计图示尺寸以质量计算; 2.以平方米计量,按设计展开面积计算	1.基层清理; 2.刷防护材料、油漆
011407006	木材构件喷刷防火涂料		m²	以平方米计量,按设计图示尺寸以面积计算	1.基层清理; 2.刷防火材料

注:喷刷墙面涂料部位要注明内墙或外墙。

4.8　裱糊项目(编码:011408)

裱糊项目包括墙纸裱糊(011408001)、织锦缎裱糊(011408002)2个清单项目。

裱糊工程量清单项目设置及工程量计算规则,应按表5-37执行。

表5-37　裱糊项目(编码:011408)

项目编码	项目名称	项目特征	计量单位	工程量计算规则	工程内容
011408001	墙纸裱糊	1.基层类型; 2.裱糊部位; 3.腻子种类; 4.刮腻子遍数; 5.黏结材料种类; 6.防护材料种类; 7.面层材料品种、规格、颜色	m²	按设计图示尺寸以面积计算	1.基层清理; 2.刮腻子; 3.面层铺粘; 4.刷防护材料
011408002	织锦缎裱糊				

5 门窗工程项目(编码:0108)

门窗工程主要包括木门,金属门,金属卷帘(闸)门,厂库房大门、特种门,其他门,木窗,金属窗,门窗套,窗台板,窗帘盒、窗帘轨等项目。

5.1 木门项目(编码:010801)

木门项目包括木质门(010801001)、木质门带套(010801002)、木质连窗门(010801003)、木质防火门(010801004)、木门框(010801005)及门锁安装(010801006)6个清单项目。

木门工程量清单项目设置及工程量计算规则,应按表5-38执行。

表5-38 木门项目(编码:010801)

项目编码	项目名称	项目特征	计量单位	工程量计算规则	工程内容
010801001	木质门	1. 门代号及洞口尺寸; 2. 镶嵌玻璃品种、厚度	1. 樘; 2. m	1. 以樘计量,按设计图示数量计算; 2. 以米计量,按设计图示框中心线以延长米计算	1. 门安装; 2. 玻璃安装; 3. 五金安装
010801002	木质门带套				
010801003	木质连窗门				
010801004	木质防火门				
010801005	木门框	1. 门代号及洞口尺寸; 2. 框截面尺寸; 3. 防护材料种类			1. 木门框制作、安装; 2. 运输; 3. 刷防护材料
010801006	门锁安装	1. 锁品种; 2. 锁规格	1. 个; 2. 套	按设计图示数量计算	安装

注:1. 木质门应区分镶板木门、企口木板门、实木装饰门、胶合板门、夹板装饰门、木纱门、全玻门(带木质扇框)、木质半玻门(带木质扇框)等项目,分别编码列项。

2. 木门五金应包括折页、插销、门碰珠、弓背拉手、搭机、木螺丝、弹簧折页(自动门)、管子拉手(自由门、地弹门)、地弹簧(地弹门)、角铁、门轧头(地弹门、自由门)等。

3. 木质门带套计量按洞口尺寸以面积计算,不包括门套的面积。

4. 以樘计量的,项目特征必须描述洞口尺寸;以平方米计量的,项目特征可不描述洞口尺寸。

5. 单独制作安装木门框按木门框项目编码列项。

5.2 金属门项目(编码:010802)

金属门项目包括金属(塑钢)门(010802001)、彩板门(010802002)、钢质防火门(010802003)及防盗门(010802004)4个清单项目。

金属门工程量清单项目设置及工程量计算规则,应按表5-39执行。

表5-39 金属门项目(编码:010802)

项目编码	项目名称	项目特征	计量单位	工程量计算规则	工程内容
010802001	金属(塑钢)门	1.门代号及洞口尺寸; 2.门框或扇外围尺寸; 3.门框、扇材质; 4.玻璃品种、厚度	1.樘; 2.m²	1.以樘计量,按设计图示数量计算; 2.以平方米计量,按设计图示洞口尺寸以面积计算	1.门安装; 2.五金安装; 3.玻璃安装
010802002	彩板门	1.门代号及洞口尺寸; 2.门框或扇外围尺寸			
010802003	钢质防火门	1.门代号及洞口尺寸; 2.门框或扇外围尺寸; 3.门框、扇材质			1.门安装; 2.五金安装
010802004	防盗门				

注:1. 金属门应区分金属平开门、金属推拉门、金属地弹门、全玻门(带金属扇框)、金属半玻门(带扇框)等项目,分别编码列项。

2. 铝合金门五金包括地弹簧、门锁、拉手、门插、门铰、螺丝等。

3. 其他金属门五金包括L形执手插锁(双舌)、执手锁(单舌)、门轨头、地锁、防盗门机、门眼(猫眼)、门碰珠、电子锁(磁卡锁)、闭门器、装饰拉手等。

4. 以樘计量的,项目特征必须描述洞口尺寸,没有洞口尺寸的必须描述门框或扇外围尺寸;以平方米计量的,项目特征可不描述洞口尺寸及框、扇的外围尺寸。

5. 以平方米计量的,无设计图示洞口尺寸,按门框、扇外围以面积计算。

5.3 金属卷帘(闸)门项目(编码:010803)

金属卷帘(闸)门项目包括金属卷帘(闸)门(010803001)和防火卷帘(闸)门(010803002)2个清单项目。

金属卷帘(闸)门工程量清单项目设置及工程量计算规则,应按表5-40执行。

表5-40 金属卷帘(闸)门项目(编码:010803)

项目编码	项目名称	项目特征	计量单位	工程量计算规则	工程内容
010803001	金属卷帘(闸)门	1.门代号及洞口尺寸; 2.门材质; 3.启动装置品种、规格	1.樘; 2.m²	1.以樘计量,按设计图示数量计算; 2.以平方米计量,按设计图示洞口尺寸以面积计算	1.门运输、安装; 2.启动装置、活动小门、五金安装
010803002	防火卷帘(闸)门				

注:以樘计量的,项目特征必须描述洞口尺寸;以平方米计量的,项目特征可不描述洞口尺寸。

5.4 厂库房大门、特种门项目(编码:010804)

厂库房大门、特种门项目包括木质大门(010804001)、钢木大门(010804002)、全钢板大门(010804003)、防护铁丝门(010804004)、金属格栅门(010804005)、钢质花饰大门(010804006)及特种门(010804007)7个清单项目。

厂库房大门、特种门工程量清单项目设置及工程量计算规则,应按表5-41执行。

表5-41 厂库房大门、特种门项目(编码:010804)

项目编码	项目名称	项目特征	计量单位	工程量计算规则	工程内容
010804001	木质大门	1. 门代号及洞口尺寸; 2. 门框或扇外围尺寸; 3. 门框、扇材质; 4. 五金种类、规格; 5. 防护材料种类	1. 樘; 2. m²	1. 以樘计量,按设计图示数量计算; 2. 以平方米计量,按设计图示洞口尺寸以面积计算	1. 门(骨架)制作、运输; 2. 门、五金配件安装; 3. 刷防护材料
010804002	钢木大门				
010804003	全钢板大门				
010804004	防护铁丝门				
010804005	金属格栅门	1. 门代号及洞口尺寸; 2. 门框或扇外围尺寸; 3. 门框、扇材质; 4. 启动装置的品种、规格		1. 以樘计量,按设计图示数量计算; 2. 以平方米计量,按设计图示门框或扇以面积计算	1. 门安装; 2. 启动装置、五金配件安装
010804006	钢质花饰大门	1. 门代号及洞口尺寸; 2. 门框或扇外围尺寸; 3. 门框、扇材质		1. 以樘计量,按设计图示数量计算; 2. 以平方米计量,按设计图示洞口尺寸以面积计算	1. 门安装; 2. 五金配件安装
010804007	特种门				

注:1. 特种门应区分冷藏门、冷冻间门、保温门、变电室门、隔音门、防射线门、人防门、金库门等项目,分别编码列项。

2. 以樘计量的,项目特征必须描述洞口尺寸,没有洞口尺寸的必须描述门框或扇外围尺寸;以平方米计量的,项目特征可不描述洞口尺寸及框、扇的外围尺寸。

3. 以平方米计量的,无设计图示洞口尺寸,按门框、扇外围以面积计算。

4. 门开启方式指推拉或平开。

5.5 其他门项目(编码:010805)

其他门项目包括平开电子感应门(010805001)、旋转门(010805002)、电子对讲门(010805003)、电动伸缩门(010805004)、全玻自由门(010805005)及镜面不锈钢饰面门(010805006)、复合材料门(010805007)7个清单项目。

其他门工程量清单项目设置及工程量计算规则,应按表5-42执行。

表 5-42　其他门项目（编码:010805）

项目编码	项目名称	项目特征	计量单位	工程量计算规则	工程内容
010805001	平开电子感应门	1.门代号及洞口尺寸; 2.门框或扇外围尺寸; 3.门框、扇材质; 4.玻璃品种、厚度; 5.启动装置的品种、规格; 6.电子配件品种、规格	1.樘; 2. m²	1.以樘计量,按设计图示数量计算; 2.以平方米计量,按设计图示洞口尺寸以面积计算	1.门安装; 2.启动装置、五金、电子配件安装
010805002	旋转门				
010805003	电子对讲门	1.门代号及洞口尺寸; 2.门框或扇外围尺寸; 3.门材质; 4.玻璃品种、厚度; 5.启动装置的品种、规格; 6.电子配件品种、规格			
010805004	电动伸缩门				
010805005	全玻自由门	1.门代号及洞口尺寸; 2.门框或扇外围尺寸; 3.框材质; 4.玻璃品种、厚度			1.门安装; 2.五金安装
010805006	镜面不锈钢饰面门	1.门代号及洞口尺寸; 2.门框或扇外围尺寸; 3.门框、扇材质			
010805007	复合材料门				

注:1.以樘计量的,项目特征必须描述洞口尺寸,没有洞口尺寸的必须描述门框或扇外围尺寸,以平方米计量的,项目特征可不描述洞口尺寸及框、扇的外围尺寸。

　　2.以平方米计量的,无设计图示洞口尺寸,按门框、扇外围以面积计算。

5.6　木窗项目（编码:010806）

木窗项目包括木质窗（010806001）、木飘（凸）窗（010806002）、木橱窗（010806003）、木纱窗（010806004）4 个清单项目。

木窗工程量清单项目设置及工程量计算规则,应按表 5-43 执行。

5.7　金属窗项目（编码:010807）

金属窗项目包括金属（塑钢、断桥）窗（010807001）、金属防火窗（010807002）、金属百叶窗（010807003）、金属纱窗（010807004）、金属格栅窗（010807005）、金属（塑钢、断桥）橱窗（010807006）、金属（塑钢、断桥）飘（凸）窗（010807007）、彩板窗（010807008）及复合材料窗（010807009）9 个清单项目。

金属窗工程量清单项目设置及工程量计算规则,应按表 5-44 执行。

表5-43　木窗项目(编码:010806)

项目编码	项目名称	项目特征	计量单位	工程量计算规则	工程内容
010806001	木质窗	1. 窗代号及洞口尺寸; 2. 玻璃品种、厚度		1. 以樘计量,按设计图示数量计算; 2. 以平方米计量,按设计图示洞口尺寸以面积计算	1. 窗安装; 2. 五金、玻璃安装
010806002	木飘(凸)窗				
010806003	木橱窗	1. 窗代号; 2. 框截面及外围展开面积; 3. 玻璃品种、厚度; 4. 防护材料种类	1. 樘; 2. m²	1. 以樘计量,按设计图示数量计算; 2. 以平方米计量,按设计图示尺寸以框外围展开面积计算	1. 窗安装; 2. 五金、玻璃安装; 3. 刷防护材料
010806004	木纱窗	1. 窗代号及框外围尺寸; 2. 纱窗材料的品种、规格		1. 以樘计量,按设计图示数量计算; 2. 以平方米计量,按设计图示尺寸以框外围面积计算	1. 窗安装; 2. 五金、玻璃安装

注:1. 木质窗应区分木百叶窗、木组合窗、木天窗、木固定窗、木装饰空花窗等项目,分别编码列项。
2. 以樘计量的,项目特征必须描述洞口尺寸,没有洞口尺寸的必须描述窗框外围尺寸;以平方米计量的,项目特征可不描述洞口尺寸及框的外围尺寸。
3. 以平方米计量的,无设计图示洞口尺寸,按窗框外围以面积计算。
4. 木橱窗、木飘(凸)窗以樘计量,项目特征必须描述框截面及外围展开面积。
5. 木窗五金包括折页、插销、风钩、木螺丝、滑轮滑轨(推拉窗)等。
6. 窗开启方式指平开、推拉、上或中悬;窗形状指矩形或异形。

表5-44　金属窗项目(编码:010807)

项目编码	项目名称	项目特征	计量单位	工程量计算规则	工程内容
010807001	金属(塑钢、断桥)窗	1. 窗代号及洞口尺寸; 2. 框、扇材质; 3. 玻璃品种、厚度		1. 以樘计量的,按设计图示数量计算; 2. 以平方米计量,按设计图示洞口尺寸以面积计算	1. 窗安装; 2. 五金、玻璃安装
010807002	金属防火窗				
010807003	金属百叶窗		1. 樘; 2. m²		
010807004	金属纱窗	1. 窗代号及洞口尺寸; 2. 框材质; 3. 窗纱材料品种、规格		1. 以樘计量,按设计图示数量计算; 2. 以平方米计量,按设计图示尺寸以框外围尺寸面积计算	1. 窗安装; 2. 五金安装
010807005	金属格栅窗	1. 窗代号及洞口尺寸; 2. 框外围尺寸; 3. 框、扇材质		1. 以樘计量,按设计图示数量计算; 2. 以平方米计量,按设计图示洞口尺寸以面积计算	

续表5-44

项目编码	项目名称	项目特征	计量单位	工程量计算规则	工程内容
010807006	金属(塑钢、断桥)橱窗	1. 窗代号; 2. 框外围展开面积; 3. 框、扇材质; 4. 玻璃品种、厚度; 5. 防护材料种类	1. 樘; 2. m²	1. 以樘计量,按设计图示数量计算; 2. 以平方米计量,按设计图示尺寸以框外围展开面积计算	1. 窗制作、运输、安装; 2. 五金、玻璃安装; 3. 刷防护材料
010807007	金属(塑钢、断桥)飘(凸)窗	1. 窗代号; 2. 框外围展开面积; 3. 框、扇材质; 4. 玻璃品种、厚度			
010807008	彩板窗	1. 窗代号及洞口尺寸; 2. 框外围尺寸; 3. 框、扇材质; 4. 玻璃品种、厚度		1. 以樘计量,按设计图示数量计算; 2. 以平方米计量,按设计图示洞口尺寸或框外围以面积计算	1. 窗安装; 2. 五金、玻璃安装
010807009	复合材料窗				

注:1.金属窗应区分金属组合窗、防盗窗等项目,分别编码列项。

　2.以樘计量的,项目特征必须描述洞口尺寸,没有洞口尺寸的必须描述窗框外围尺寸;以平方米计量的,项目特征可不描述洞口尺寸及框的外围尺寸。

　3.以平方米计量的,无设计图示洞口尺寸,按窗框外围以面积计算。

　4.金属橱窗、飘(凸)窗以樘计量,项目特征必须描述框外围展开面积。

　5.金属窗中铝合金窗五金应包括卡锁、滑轮、铰拉、执手、拉把、拉手、风撑、角码、牛角制等。

　6.其他金属窗五金包括折页、螺丝、执手、卡锁、风撑、滑轮滑轨(推拉窗)等。

5.8 门窗套项目(编码:010808)

门窗套项目包括木门窗套(010808001)、木筒子板(010808002)、饰面夹板筒子板(010808003)、金属门窗套(010808004)、石材门窗套(010808005)、门窗木贴脸(010808006)及成品木门窗套(010808007)7个清单项目。

门窗套工程量清单项目设置及工程量计算规则,应按表5-45执行。

表 5-45　门窗套项目(编码:010808)

项目编码	项目名称	项目特征	计量单位	工程量计算规则	工程内容
010808001	木门窗套	1.窗代号及洞口尺寸; 2.门窗套展开宽度; 3.基层材料种类; 4.面层材料品种、规格; 5.线条品种、规格; 6.防护材料种类	1.樘; 2. m²; 3. m	1.以樘计量,按设计图示数量计算; 2.以平方米计量,按设计图示尺寸以展开面积计算; 3.以米计量,按设计图示中心以延长米计算	1.清理基层; 2.立筋制作、安装; 3.基层板安装; 4.面层铺贴; 5.线条安装; 6.刷防护材料
010808002	木筒子板	1.筒子板宽度; 2.基层材料种类; 3.面层材料品种、规格; 4.线条品种、规格; 5.防护材料种类			
010808003	饰面夹板筒子板	1.筒子板宽度; 2.基层材料种类; 3.面层材料品种、规格; 4.线条品种、规格; 5.防护材料种类			
010808004	金属门窗套	1.窗代号及洞口尺寸; 2.门窗套展开宽度; 3.基层材料种类; 4.面层材料品种、规格; 5.防护材料种类			1.清理基层; 2.立筋制作、安装; 3.基层板安装; 4.面层铺贴; 5.刷防护材料
010808005	石材门窗套	1.窗代号及洞口尺寸; 2.门窗套展开宽度; 3.底层厚度、砂浆配合比; 4.面层材料品种、规格; 5.线条品种、规格			1.清理基层; 2.立筋制作、安装; 3.基层抹灰; 4.面层铺贴; 5.线条安装
010808006	门窗木贴脸	1.门窗代号及洞口尺寸; 2.贴脸板宽度; 3.防护材料种类	1.樘; 2. m	1.以樘计量,按设计图示数量计算; 2.以米计量,按设计图示尺寸以延长米计算	贴脸板安装
010808007	成品木门窗套	1.窗代号及洞口尺寸; 2.门窗套展开宽度; 3.门窗套材料品种、规格	1.樘; 2. m²; 3. m	1.以樘计量,按设计图示数量计算; 2.以平方米计量,按设计图示尺寸以展开面积计算; 3.以米计量,按设计图示中心以延长米计算	1.清理基层; 2.立筋制作、安装; 3.板安装

注:1.以樘计量的,项目特征必须描述洞口尺寸、门窗套展开宽度。

2.以平方米计量的,项目特征可不描述洞口尺寸、门窗套展开宽度。

3.以米计量的,项目特征必须描述门窗套展开宽度、筒子板及贴脸宽度。

5.9 窗台板项目(编码:010809)

窗台板项目包括木窗台板(010809001)、铝塑窗台板(010809002)、金属窗台板(010809003)及石材窗台板(010809004)4个清单项目。

窗台板工程量清单项目设置及工程量计算规则,应按表5-46执行。

表 5-46　窗台板项目(编码:010809)

项目编码	项目名称	项目特征	计量单位	工程量计算规则	工程内容
010809001	木窗台板	1. 基层材料种类; 2. 窗台面板材质、规格、颜色; 3. 防护材料种类	m²	按设计图示尺寸以展开面积计算	1. 基层清理; 2. 基层制作、安装; 3. 窗台板制作、安装; 4. 刷防护材料
010809002	铝塑窗台板				
010809003	金属窗台板				
010809004	石材窗台板	1. 黏结层厚度、砂浆配合比; 2. 窗台板材质、规格、颜色			1. 基层清理; 2. 抹找平层; 3. 窗台板制作、安装

5.10 窗帘盒、窗帘轨项目(编码:010810)

窗帘盒、窗帘轨项目包括窗帘(杆)(010810001),木窗帘盒(010810002),饰面夹板、塑料窗帘盒(010810003),铝合金窗帘盒(010810004)及窗帘轨(010810005)5个清单项目。

窗帘盒、窗帘轨工程量清单项目设置及工程量计算规则,应按表5-47执行。

表 5-47　窗帘盒、窗帘轨项目(编码:010810)

项目编码	项目名称	项目特征	计量单位	工程量计算规则	工程内容
010810001	窗帘(杆)	1. 窗帘材质; 2. 窗帘高度、宽度; 3. 窗帘层数; 4. 带幔要求	1. m; 2. m²	1. 以米计量,按设计图示尺寸以长度计算; 2. 以平方米计量,按图示尺寸以展开面积计算	1. 制作、运输; 2. 安装
010810002	木窗帘盒	1. 窗帘盒材质、规格; 2. 防护材料种类	m	按设计图示尺寸以长度计算	1. 制作、运输、安装; 2. 刷防护材料
010810003	饰面夹板、塑料窗帘盒				
010810004	铝合金窗帘盒				
010810005	窗帘轨	1. 窗帘轨材质、规格; 2. 防护材料种类			

注:1. 窗帘若是双层,项目特征必须描述每层材质。

　　2. 窗帘以米计量时,项目特征必须描述窗帘高度和宽度。

6 其他工程项目(编码:0115)

其他工程主要包括柜类、货架,压条、装饰线条,扶手、栏杆、栏板装饰,暖气罩,浴厕配件,雨篷、旗杆、招牌、灯箱,美术字等项目。

6.1 柜类、货架项目(编码:011501)

柜类、货架项目包括柜台(011501001)、酒柜(011501002)、衣柜(011501003)、存包柜(011501004)、鞋柜(011501005)、书柜(011501006)、厨房壁柜(011501007)、木壁柜(011501008)、厨房低柜(011501009)、厨房吊柜(011501010)、矮柜(011501011)、吧台背柜(011501012)、酒吧吊柜(011501013)、酒吧台(011501014)、展台(011501015)、收银台(011501016)、试衣间(011501017)、货架(011501018)、书架(011501019)及服务台(011501020)20个清单项目。

柜类、货架工程量清单项目设置及工程量计算规则,应按表5-48执行。

表5-48　柜类、货架项目(编码:011501)

项目编码	项目名称	项目特征	计量单位	工程量计算规则	工程内容
011501001	柜台				
011501002	酒柜				
011501003	衣柜				
011501004	存包柜				
011501005	鞋柜				
011501006	书柜				
011501007	厨房壁柜	1.台柜规格; 2.材料种类、规格; 3.五金种类、规格; 4.防护材料种类; 5.油漆品种、刷漆遍数	1.个; 2.m; 3.m²	1.以个计量,按设计图示数量计算; 2.以米计量,按设计图示尺寸以延长米计算	1.台柜制作、运输、安装(安放); 2.刷防护材料、油漆; 3.五金件安装
011501008	木壁柜				
011501009	厨房低柜				
011501010	厨房吊柜				
011501011	矮柜				
011501012	吧台背柜				
011501013	酒吧吊柜				
011501014	酒吧台				
011501015	展台				
011501016	收银台				
011501017	试衣间				
011501018	货架				
011501019	书架				
011501020	服务台				

6.2 压条、装饰线条项目(编码:011502)

压条、装饰线条项目包括金属装饰线(011502001)、木质装饰线(011502002)、石材装饰线(011502003)、石膏装饰线(011502004)、镜面玻璃线(011502005)、铝塑装饰线(011502006)、塑料装饰线(011502007)及 GRC 装饰线条(011502008)8 个清单项目。图 5-46 为 GRC 装饰线条及效果。

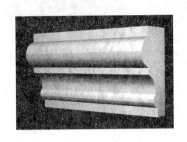

图 5-46 GRC 装饰线条及效果

压条、装饰线工程量清单项目设置及工程量计算规则,应按表 5-49 执行。

表 5-49 压条、装饰线项目(编码:011502)

项目编码	项目名称	项目特征	计量单位	工程量计算规则	工程内容
011502001	金属装饰线	1.基层类型; 2.线条材料品种、规格、颜色; 3.防护材料种类; 4.油漆品种、刷漆遍数	m	按设计图示尺寸以长度计算	1.线条制作、安装; 2.刷防护材料
011502002	木质装饰线				
011502003	石材装饰线				
011502004	石膏装饰线				
011502005	镜面玻璃线	1.基层类型; 2.线条材料品种、规格、颜色			
011502006	铝塑装饰线				
011502007	塑料装饰线				
011502008	GRC 装饰线条	1.栏杆规格; 2.安装间距; 3.扶手类型、规格; 4.填充材料种类			线条制作、安装

6.3 扶手、栏杆、栏板装饰项目(编码:011503)

扶手、栏杆、栏板装饰项目包括金属扶手、栏杆、栏板(011503001),硬木扶手、栏杆、栏板(011503002),塑料扶手、栏杆、栏板(011503003),GRC 栏杆、扶手(011503004),金属靠墙扶手(011503005),硬木靠墙扶手(011503006),塑料靠墙扶手(011503007),玻璃栏板(011503008)8 个清单项目。图 5-47 为楼梯硬木扶手、栏杆和硬木靠墙扶手,图 5-48 为 GRC 栏杆、扶手。

扶手、栏杆、栏板装饰工程量清单项目设置及工程量计算规则,应按表 5-50 执行。

 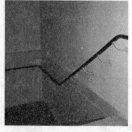 

图 5-47　楼梯硬木扶手、栏杆和硬木靠墙扶手　　　图 5-48　GRC 栏杆、扶手

表 5-50　扶手、栏杆、栏板装饰项目（编码：011503）

项目编码	项目名称	项目特征	计量单位	工程量计算规则	工程内容
011503001	金属扶手、栏杆、栏板	1. 扶手材料种类、规格、品牌； 2. 栏杆材料种类、规格、品牌； 3. 栏板材料种类、规格、品牌、颜色； 4. 固定配件种类； 5. 防护材料种类	m	按设计图示以扶手中心线长度（包括弯头长度）计算	1. 制作； 2. 运输； 3. 安装； 4. 刷防护材料
011503002	硬木扶手、栏杆、栏板				
011503003	塑料扶手、栏杆、栏板				
011503004	GRC 栏杆、扶手	1. 栏杆规格； 2. 安装间距； 3. 扶手类型、规格； 4. 填充材料种类			
011503005	金属靠墙扶手	1. 扶手材料种类、规格、品牌； 2. 固定配件种类； 3. 防护材料种类			
011503006	硬木靠墙扶手				
011503007	塑料靠墙扶手				
011503008	玻璃栏板	1. 栏杆玻璃的种类、规格、颜色、品牌； 2. 固定方式； 3. 固定配件种类			

6.4　暖气罩项目（编码：011504）

暖气罩项目包括饰面板暖气罩（011504001）、塑料板暖气罩（011504002）、金属暖气罩（011504003）3 个清单项目。

暖气罩工程量清单项目设置及工程量计算规则，应按表 5-51 执行。

表 5-51　暖气罩项目(编码:011504)

项目编码	项目名称	项目特征	计量单位	工程量计算规则	工程内容
011504001	饰面板暖气罩	1. 暖气罩材质; 2. 防护材料种类	m²	按设计图示尺寸以垂直投影面积(不展开)计算	1. 暖气罩制作、运输、安装; 2. 刷防护材料、油漆
011504002	塑料板暖气罩				
011504003	金属暖气罩				

6.5　浴厕配件项目(编码:011505)

浴厕配件项目包括洗漱台(011505001)、晒衣架(011505002)、帘子杆(011505003)、浴缸拉手(011505004)、卫生间扶手(011505005)、毛巾杆(架)(011505006)、毛巾环(011505007)、卫生纸盒(011505008)、肥皂盒(011505009)、镜面玻璃(011505010)及镜箱(011505011)11 个清单项目。图 5-49 为卫生间洗漱台,图 5-50 为卫生间镜箱。

图 5-49　卫生间洗漱台

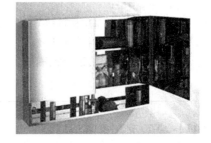

图 5-50　卫生间镜箱

浴厕配件工程量清单项目设置及工程量计算规则,应按表 5-52 执行。

表 5-52　浴厕配件项目(编码:011505)

项目编码	项目名称	项目特征	计量单位	工程量计算规则	工程内容
011505001	洗漱台	1. 材料品种、规格、品牌、颜色; 2. 支架、配件品种、规格、品牌	1. m²; 2. 个	1. 按设计图示尺寸以台面外接矩形面积计算,不扣除孔洞、挖弯、削角所占面积,挡板、吊沿板面积并入台面面积内; 2. 按设计图示数量计算	1. 台面及支架制作、运输、安装; 2. 杆、环、盒、配件安装; 3. 刷油漆
011505002	晒衣架		个	按设计图示数量计算	
011505003	帘子杆				
011505004	浴缸拉手				
011505005	卫生间扶手				
011505006	毛巾杆(架)		套		
011505007	毛巾环		副		
011505008	卫生纸盒		个		
011505009	肥皂盒				

续表 5-52

项目编码	项目名称	项目特征	计量单位	工程量计算规则	工程内容
011505010	镜面玻璃	1. 镜面玻璃品种、规格； 2. 框材质、断面尺寸； 3. 基层材料种类； 4. 防护材料种类	m²	按设计图示尺寸以边框外围面积计算	1. 基层安装； 2. 玻璃及框制作、运输、安装； 3. 刷防护材料、油漆
011505011	镜箱	1. 箱材质、规格； 2. 玻璃品种、规格； 3. 基层材料种类； 4. 防护材料种类； 5. 油漆品种、刷漆遍数	个	按设计图示数量计算	1. 基层安装； 2. 箱体制作、运输、安装； 3. 玻璃安装； 4. 刷防护材料、油漆

【**例 5-11**】 某卫生间立面图装饰如图 5-51 所示,墙面基层为水泥砂浆,面层为挂贴大理石,试计算该卫生间相关构配件的工程量,并编制工程量清单。

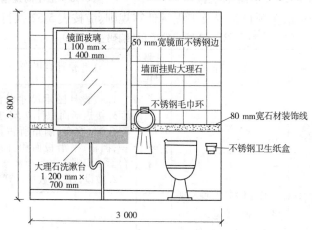

图 5-51 某卫生间立面图装饰

解 该卫生间相关工程量计算如下:

1. 镜面玻璃:$1.4 \times 1.1 = 1.54(\text{m}^2)$
2. 石材装饰线:$3.0 - 1.1 = 1.9(\text{m})$
3. 大理石洗漱台:$1.2 \times 0.7 = 0.84(\text{m}^2)$
4. 不锈钢毛巾环:1 副。
5. 不锈钢卫生纸盒:1 个。

工程量清单如表 5-53 所示。

表 5-53　分部分项工程量清单

工程名称：××××

序号	项目编码	项目名称	计量单位	工程数量
1	011505010001	镜面玻璃：1 100 mm×1 400 mm　50 mm 宽不锈钢边框	m²	1.54
2	011502001001	石材装饰线：水泥砂浆基层　80 mm 宽石材装饰线	m	1.9
3	011505001001	大理石洗漱台：1 200 mm×700 mm	m²	0.84
4	011505007001	不锈钢毛巾环：圆形	副	1
5	011505008001	不锈钢卫生纸盒	个	1

6.6　雨篷、旗杆项目（编码：011506）

雨篷、旗杆项目包括雨篷吊挂饰面（011506001）、金属旗杆（011506002）、玻璃雨篷（011506003）3 个清单项目。图 5-52 为金属旗杆及基座，图 5-53 为玻璃雨篷。

图 5-52　金属旗杆及基座　　　　　图 5-53　玻璃雨篷

雨篷、旗杆工程量清单项目设置及工程量计算规则，应按表 5-54 执行。

表 5-54　雨篷、旗杆项目（编码：011506）

项目编码	项目名称	项目特征	计量单位	工程量计算规则	工程内容
011506001	雨篷吊挂饰面	1. 基层类型； 2. 龙骨材料种类、规格、中距； 3. 面层材料品种、规格、品牌； 4. 吊顶（天棚）材料品种、规格、品牌； 5. 嵌缝材料种类； 6. 防护材料种类	m²	按设计图示尺寸以水平投影面积计算	1. 底层抹灰； 2. 龙骨基层安装； 3. 面层安装； 4. 刷防护材料、油漆

续表 5-54

项目编码	项目名称	项目特征	计量单位	工程量计算规则	工程内容
011506002	金属旗杆	1. 旗杆材料、种类、规格; 2. 旗杆高度; 3. 基础材料种类; 4. 基座材料种类; 5. 基座面层材料、种类、规格	根	按设计图示数量计算	1. 土石挖、填、运; 2. 基础混凝土浇筑; 3. 旗杆制作、安装; 4. 旗杆台座制作、饰面
011506003	玻璃雨篷	1. 玻璃雨篷固定方式; 2. 龙骨材料种类、规格、中距; 3. 玻璃材料品种、规格、品牌; 4. 嵌缝材料种类; 5. 防护材料种类	m²	按设计图示尺寸以水平投影面积计算	1. 龙骨基层安装; 2. 面层安装; 3. 刷防护材料、油漆

6.7 招牌、灯箱项目(编码:011507)

招牌、灯箱项目包括平面、箱式招牌(011507001),竖式标箱(011507002),灯箱(011507003)及信报箱(011507004)4 个清单项目。

招牌、灯箱工程量清单项目设置及工程量计算规则,应按表 5-55 执行。

表 5-55 招牌、灯箱项目(编码:011507)

项目编码	项目名称	项目特征	计量单位	工程量计算规则	工程内容
011507001	平面、箱式招牌	1. 箱体规格; 2. 基层材料种类; 3. 面层材料种类; 4. 防护材料种类	m²	按设计图示尺寸以正立面边框外围面积计算。复杂形的凸凹造型部分不增加面积	1. 基层安装; 2. 箱体及支架制作、运输、安装; 3. 面层制作、安装; 4. 刷防护材料、油漆
011507002	竖式标箱		个	按设计图示数量计算	
011507003	灯箱				
011507004	信报箱	1. 箱体规格; 2. 基层材料种类; 3. 面层材料种类; 4. 防护材料种类; 5. 户数			

6.8 美术字项目(编码:011508)

美术字项目包括泡沫塑料字(011508001)、有机玻璃字(011508002)、木质字

（011508003）、金属字（011508004）、吸塑字（011508005）5 个清单项目。

美术字工程量清单项目设置及工程量计算规则，应按表 5-56 执行。

表 5-56　美术字项目（编码：011508）

项目编码	项目名称	项目特征	计量单位	工程量计算规则	工程内容
011508001	泡沫塑料字	1. 基层类型； 2. 镌字材料品种、颜色； 3. 字体规格； 4. 固定方式； 5. 油漆品种、刷漆遍数	个	按设计图示数量计算	1. 字制作、运输、安装； 2. 刷油漆
011508002	有机玻璃字				
011508003	木质字				
011508004	金属字				
011508005	吸塑字				

任务 5.4　装饰工程工程量清单编制实例

××剧院影厅装饰工程总面积为 527 m²（其中一层为 54 m²，二层为 473 m²）；卫生间面积为 15 m²；楼梯面积为 42 m²；二层进出场通道面积为 83.4 m²；放映机房面积：1 号为 12.8 m²，2 号为 5.9 m²；办公设备用房面积为 47.3 m²。

1　封面

封 –1

<u>　　××剧院影厅装饰　　</u>　工程
工程量清单

招标人：_____
　　　　（单位盖章）

咨　询　人：_____
　　　　（单位资质专用章）

法定代表人
或其授权人：_____
　　　　（签字或盖章）

法定代表人
或其授权人：_____
　　　　（签字或盖章）

编　制　人：_____
　　　　（造价人员签字盖专用章）

复　核　人：_____
　　　　（造价工程师签字盖专用章）

编制时间：　年　月　日

复核时间：　年　月　日

2 总说明

总说明

工程名称:××剧院影厅装饰工程

---

1. 工程概况:该工程总面积为 527 m²(一层为 54 m²,二层为 473 m²);卫生间面积为 15 m²;楼梯面积为 42 m²;二层进出场通道面积为 83.4 m²;放映机房面积:1 号为 12.8 m²,2 号为 5.9 m²;办公设备用房面积为 47.3 m²。

2. 招标项目中不包含下列工程项目:

(1)强电线路及其电气设备;

(2)弱电线路及其相关设备;

(3)上下水改造及卫生间与走廊块材地面和墙面;

(4)观众厅墙面外层吸音材料;

(5)幕布;

(6)所有门;

(7)放映窗口;

(8)其他要求增设但无设计图纸部分内容。

3. 招标工程量清单编制依据:

(1)《建设工程工程量清单计价规范》(GB 50500—2013);

(2)有关的技术标准、规范和安全管理的管理规定等

---

3 分部分项工程量清单

分部分项工程量清单

工程名称:××剧院影厅装饰工程 　　　标段:　　　　　　　　　

序号	项目编码	项目名称	项目特征描述	计量单位	工程量
一、墙、柱面工程					
1	011207001001	观众厅间隔墙基层	50 轻钢龙骨架; 内衬 50 厚矿棉毡; 15 厚纸面防火石膏板; 1.2 厚阻尼毡; 15 厚纸面防火石膏板	m²	99.84

续表

序号	项目编码	项目名称	项目特征描述	计量单位	工程量
2	011207001002	观众厅其他墙面基层	50 轻钢龙骨架； 内衬 50 厚矿棉毡； 15 厚纸面防火石膏板	m²	259.53
二、天棚工程					
3	011302001001	观众厅天棚吊顶	一级吊顶； UC38 主龙骨、H 形暗插龙骨骨架； 内衬 50 厚 50 kg 岩棉毡； 北京星牌矿棉吸音板； 矿棉吸音板外喷黑色乳胶漆两遍	m²	248.10
4	011302001002	机房天棚吊顶	一级吊顶； UC38 主龙骨、H 形暗插龙骨骨架； 北京星牌矿棉吸音板	m²	18.70
5	011302001003	卫生间天棚吊顶	一级吊顶； 30×40 木龙骨、间距为 300×300 内部骨架； PVC 扣板面层	m²	15.10
6	011302001004	二楼进出场通道及走廊天棚吊顶	一级吊顶； UC38 主龙骨、50 副龙骨骨架，间距 450×450； 12 厚纸面石膏板； 板缝进行嵌缝处理； 板面满刮腻子三遍； 面层刷乳胶漆三遍	m²	136.26
三、油漆、涂料、裱糊工程					
7	011407001001	墙面刷乳胶漆	砌块墙体； 墙面刷封底底漆一遍； 墙面满刮腻子三遍； 墙面刷乳胶漆三遍	m²	421.00
8	011407001002	楼梯底部刷乳胶漆	钢筋混凝土板； 板底满刮腻子三遍； 板底刷乳胶漆三遍	m²	101.40

续表

序号	项目编码	项目名称	项目特征描述	计量单位	工程量
9	011407001003	办公室顶棚刷乳胶漆	钢筋混凝土楼板; 板底面满刮腻子三遍; 板底刷乳胶漆三遍	m²	47.30
10	01B001	满堂脚手架	钢管架上铺木脚手板;高度在3.6～5.2 m,基本层	m²	465.46
11	01B002	满堂脚手架	钢管架上铺木脚手板;高度在5.2 m以上,增加层	m²	248.1
四、金属结构工程					
12	010606012001	观众厅银幕骨架加工及安装	50×80方钢管立柱,30×50方钢管银幕边框; 50×50角钢横撑; 外刷两遍防锈漆、一遍深金属漆	t	3.82
13	010606012002	观众厅主扬声器骨架加工及安装	50×50角钢平台框架; 外刷两遍防锈漆、一遍黑色金属漆; 框架平台上铺18厚高密度板	t	5.95
14	01B003	银幕边幕固定	阻燃黑色丝绒布; 上下边穿木杆固定; 周边由φ6维纶编制幕绳拉紧	m²	35.35

4　工程量清单综合单价分析表

工程量清单综合单价分析表

工程名称:××剧院影厅装饰工程　　　　标段:　　　　　　　　第1页　共14页

项目编码	011207001001	项目名称	观众厅间隔墙基层	计量单位	m²

清单综合单价组成明细

定额编号	定额名称	定额单位	数量	单价				合价			
				人工费	材料费	机械费	管理费和利润	人工费	材料费	机械费	管理费和利润

续表

人工单价			小计					
44元/工日			未计价材料费					
清单项目综合单价								

	主要材料名称、规格、型号	单位	数量	单价(元)	合价(元)	暂估单价(元)	暂估合价(元)
材料费明细							
	其他材料费			—		—	
	材料费小计			—		—	

注:1. 如不使用省级或行业建设主管部门发布的计价依据,可不填定额项目、编号等。

　2. 招标文件提供了暂估单价的材料,按暂估的单价填入表内"暂估单价"栏及"暂估合价"栏。

5　措施项目清单

措施项目清单与计价表(一)

工程名称:××剧院影厅装饰工程　　　　标段:　　　　　　　　第1页　共1页

序号	项目名称	计算基础	费率(%)	金额(元)
1	安全文明施工费	人工费		
2	夜间施工费	人工费		
3	二次搬运费	人工费		
4	冬雨季施工	人工费		
5	已完工程及设备保护	分部分项工程费		
6	各专业工程的措施项目	(1)		
(1)	室内空气污染检测			
7				
8				
9				
10				
	合计			15 893.50

注:1. 本表适用于以"项"计价的措施项目。

　2. 根据建设部、财政部发布的《建筑安装工程费用组成》(建标〔2003〕206号)的规定,"计算基础"可为"直接费""人工费"或"人工费+机械费"。

措施项目清单与计价表(二)

工程名称:××剧院影厅装饰工程　　　标段:　　　　　　　　第 1 页　共 1 页

序号	项目编码	项目名称	项目特征描述	计量单位	工程量	金额(元)	
						综合单价	合价
1							
2							
3							
4							
5							
⋮							
			本页小计				
			合计				

注:本表适用于以综合单价形式计价的措施项目。

6　其他项目清单与计价汇总表

其他项目清单与计价汇总表

工程名称:××剧院影厅装饰工程　　　标段:　　　　　　　　第 1 页　共 1 页

序号	项目名称	计量单位	金额(元)	备注
1	暂列金额			明细详见下表
2	暂估价			
2.1	材料暂估价			详见明细
2.2	专业工程暂估价			详见明细
3	计日工			详见明细
4	总承包服务费			详见明细
5				
	合计		3 200.00	—

注:材料暂估单价计入清单项目综合单价,此处不汇总。

7　暂列金额明细表

暂列金额明细表

工程名称：××剧院影厅装饰工程　　　　标段：　　　　　　　　　第1页　共1页

序号	项目名称	计量单位	暂定金额（元）	备注
1				
2				
3				
4				
5				
6				
7				
8				
9				
10				
合计			—	

注：此表由招标人填写，如不能详列，也可只列暂定金额总额，投标人应将上述暂列金额计入投标总价中。

8　材料暂估单价表

材料暂估单价表

工程名称：××剧院影厅装饰工程　　　　标段：　　　　　　　　　第1页　共1页

序号	材料名称、规格、型号	计量单位	单价（元）	备注

注：1.此表由招标人填写，并在备注栏说明暂估价的材料拟用在哪些清单项目上，投标人应将上述材料暂估单价计入工程量清单综合单价报价中。

　　2.材料包括原材料、燃料、构配件及按规定应计入建筑安装工程造价的设备。

9   专业工程暂估价表

专业工程暂估价表

工程名称：××剧院影厅装饰工程　　　　标段：　　　　　　　　　　　　第1页　共1页

序号	工程名称	工程内容	金额(元)	备注
	合计			

注:此表由招标人填写,投标人应将上述专业工程暂估价计入投标总价中。

10   计日工表

计日工表

工程名称：××剧院影厅装饰工程　　　　标段：　　　　　　　　　　　　第1页　共1页

编号	项目名称	单位	暂定数量	综合单价	合价
一	人工				
1	普工	工日	20		
2	技工	工日	15		
3					
4					
	人工小计				
二	材料				
1					
2					
3					
4					
	材料小计				
三	施工机械				
1					
2					
3					
	施工机械小计				
	总计				

注:此表项目名称、数量由招标人填写,编制招标控制价时,单价由招标人按有关计价规定确定;投标时,单价由投
标人自主报价,计入投标总价中。

11 总承包服务费

总承包服务费计价表

工程名称：××剧院影厅装饰工程　　　　　标段：　　　　　　　　　　第 1 页　共 1 页

序号	项目名称	项目价值(元)	服务内容	费率(%)	金额(元)
1	发包人发包专业工程				
2	发包人供应材料				
合计					

12 规费、税金项目清单

规费、税金项目清单与计价表

工程名称：××剧院影厅装饰工程　　　　　标段：　　　　　　　　　　第 1 页　共 1 页

序号	项目名称	计算基础	费率(%)	金额(元)
1	规费			
1.1	工程排污费	分部分项工程费		
1.2	社会保障费	(1)＋(2)＋(3)		
(1)	养老保险费	人工费		
(2)	失业保险费	人工费		
(3)	医疗保险费	人工费		
1.3	住房公积金	人工费		
1.4	危险作业意外伤害保险	人工费		
1.5	工程定额测定费	税前工程造价		
2	税金	分部分项工程费＋措施项目费＋ 其他项目费＋规费		
合计				

注：根据建设部、财政部发布的《建筑安装工程费用组成》(建标〔2003〕206号)的规定，"计算基础"可为"直接费""人工费"或"人工费＋机械费"。

复习思考题

1. 简述正确计算工程量的意义和工程量计算的基本原则。

2. 建筑面积由哪几部分面积组成?

3. 简述多层建筑计算建筑面积的范围与规则。

4. 有哪些建筑面积是按水平投影面积的一半计算的?

5. 不计算建筑面积的范围有哪些?

6. 楼地面工程、墙柱面工程、天棚工程、门窗工程、油漆涂料裱糊工程及其他工程的清单项目如何设置? 工程量如何计算?

学习项目 6　装饰工程工程量清单计价及其编制

【教学要求】

本项目主要介绍工程量清单计价的一般规定以及应注意的事项,着重讲述了分部分项工程量清单计价以及综合单价的确定方法。通过学习,学生应掌握综合单价的确定以及工程量清单计价的编制。

任务 6.1　工程量清单计价概述

工程量清单计价是在建设工程招标投标中,招标人按照国家统一的《建设工程工程量清单计价规范》的要求以及施工图纸,提供工程量清单,由投标人依据工程量清单、施工图纸、企业定额、市场价格自主报价,并经评审后,合理低价中标的工程造价计价方式。

1　工程量清单计价的基本原理

工程量清单计价的基本原理就是以招标人提供的工程量清单为平台,投标人根据自身的技术、财务、管理能力进行投标报价,招标人根据具体的评标细则进行优选,这种计价方式是市场定价体系的具体表现形式。

工程量清单计价的基本过程可以描述为:在统一的工程量计算规则的基础上,制定工程量清单项目设置规则,根据具体工程的施工图纸计算出各个清单项目的工程量,再根据通过各种渠道所获得的工程造价信息和经验数据计算得到工程造价。

工程量清单计价的编制过程可分为两个阶段:工程量清单的编制和利用工程量清单来编制投标报价。投标报价是在业主提供的工程量计算结果的基础上,根据企业自身所掌握的各种信息、资料,结合企业定额编制的。

2　工程量清单计价的内容

工程量清单计价是指投标人按照《建设工程工程量清单计价规范》(GB 50500—2013),根据招标人提供的工程量清单进行自主报价,招标人编制招标控制价,承发包双方确定工程量清单合同价款、调整工程竣工结算等活动。

工程量清单计价费用组成见前述内容。

工程量清单计价包括按招标文件规定,完成工程量清单所列项目的全部费用。包括分部分项工程费、措施项目费、其他项目费、规费和税金。

3 工程量清单计价的特点

3.1 统一计价原则

统一计价原则是通过制定统一的建设工程工程量清单计价方法、统一的工程量计量规则、统一的工程量清单项目设置规则,达到规范计价行为的目的。这些规则和办法是强制性的,工程建设各方都应该遵守。

3.2 有效控制消耗量

有效控制消耗量是通过由政府发布统一的社会平均消耗量指导标准,为企业提供一个社会平均尺度,避免企业盲目或随意大幅度减少或扩大消耗量,从而达到保证工程质量的目的。

3.3 彻底放开价格

彻底放开价格是将工程消耗量定额中的工、料、机价格和利润、管理费全面放开,由市场的供求关系自行确定价格。

3.4 企业自主报价

企业自主报价是投标企业根据自身的技术专长、材料采购渠道和管理水平等,制定企业自己的报价定额,自主报价。企业尚无报价定额的,可参考使用造价管理部门颁布的消耗量定额。

3.5 市场有序竞争形成价格

通过建立与国际惯例接轨的工程量清单计价模式,引入充分竞争形成价格的机制,制定衡量投标报价合理性的基础标准,在投标过程中,有效引入机制,淡化标底的作用,在保证质量、工期的前提下,按《中华人民共和国招标投标法》有关条款规定,最终以"不低于成本"的合理低价者中标。

4 工程量清单计价的依据

针对上述特点不难总结出工程量清单计价的依据主要包括:

(1)《建设工程工程量清单计价规范》(GB 50500—2013)。

(2)招标文件。

(3)工程设计文件。

(4)工程施工规范及工程验收规范。

(5)施工组织设计或施工技术方案。

(6)施工现场地质、水文、气象以及地上情况的有关资料。

(7)劳动力市场价格、建筑安装材料及工程设备的市场价格。

(8)由市场的供求关系影响的工、料、机市场价格及企业自行确定的利润、管理费标准。

5 工程量清单计价步骤

工程量清单计价的一般步骤如下。

(1)熟悉工程量清单。

工程量清单是计算工程造价的重要依据,在计价时必须全面了解每一个清单项目的特征描述,熟悉其所包括的工程内容,以便在计价时不漏项,不重复计算。

(2)研究招标文件。

工程招标文件的有关条款、要求和合同条件,是工程计价的重要依据。在招标文件中对有关发包工程范围、内容、期限、工程材料、设备采购供应办法等都有具体规定,只有在计价时按规定进行,才能保证计价的有效性。因此,投标单位拿到招标文件后,根据招标文件的要求,要对照图纸,对招标文件提供的工程量清单进行复查或复核,其内容主要有:

①分专业对施工图进行工程量的数量审查。招标文件上要求投标人审核工程量清单,如果投标人不审核,则不能发现清单编制中存在的问题,也就不能充分利用招标人给予投标人澄清问题的机会,由此产生的后果由投标人自行负责。如投标人发现招标人提供的工程量清单有误,招标人可按合同约定进行处理。

②根据图纸说明和各种选用规范对工程量清单项目进行审查。这主要是根据规范和技术要求,审查清单项目是否漏项。

③根据技术要求和招标文件的具体要求,对工程需要增加的内容进行审查。认真研究招标文件是投标人争取中标的第一要素。从表面上看,各招标文件基本相同,但每个项目都有自己的特殊要求,这些要求一定会在招标文件中反映出来,这需要投标人仔细研究。有的工程量清单要求增加的内容、技术要求,与招标文件不一致,只有通过审查和澄清才能统一起来。

(3)熟悉施工图纸。

全面、系统地阅读图纸,是准确计算工程造价的重要工作。阅读图纸时,应注意按设计要求,收集图纸选用的标准图、大样图;认真阅读设计说明,掌握安装构件的部位和尺寸、安装施工要求及特点;了解本专业施工与其他专业施工工序之间的关系;对图纸中的错、漏以及表示不清楚的地方予以记录,以便在招标答疑会上询问解决。

(4)熟悉工程量计算规则。

当采用消耗量定额分析分部分项工程的综合单价时,熟悉消耗量定额的工程量计算规则,是快速、准确地分析综合单价的重要保证。

(5)了解施工组织设计。

施工组织设计或施工方案是施工单位的技术部门针对具体工程编制的施工作业的指导性文件,其中对施工技术措施、安全措施、施工机械配置、是否增加辅助项目等,都应在工程计价的过程中予以注意。施工组织设计所涉及的费用主要属于措施项目费。

(6)熟悉加工订货的有关情况。

明确建设、施工单位双方在加工订货方面的分工。对需要进行委托加工订货的设备、材料、零件等,提出委托加工计划,并落实加工单位及加工产品的价格。

(7)明确主材和设备的来源情况。

主材和设备的型号、规格、重量、材质、品牌等对工程计价影响很大,因此主材和设备的范围及有关内容需要招标人予以明确,必要时注明产地和厂家。

(8)计算分部分项工程费。

各单位工程的分部分项工程费的计算方法为

$$分部分项工程费 = \sum 清单工程量 \times 综合单价$$

确定综合单价时,由于"计价规范"与"定额"中的工程量计算规则、计量单位、项目内容不尽相同,首先是计价工程量的确定,然后是综合单价的确定。

(9)计算措施项目费。

措施项目费投标报价时,由编制人根据企业的情况自行计算,可高可低。编制人没有计算或少计算费用,视为此费用已包括在其他费用内,额外的费用除招标文件和合同约定外,不予支付。

(10)计算其他项目费。

其他项目费一般为估算、预测数量,在投标时计入投标人的报价中,但不为投标人所有,工程结算时,应按约定或承包人实际完成的工作量结算,剩余部分仍归招标人所用。

(11)按工程量清单计价程序计算出工程造价,复核、编制说明、装订签章。

6 工程量清单计价要点

(1)采用工程量清单计价,建设工程造价由分部分项工程费、措施项目费、其他项目费、规费和税金组成。

(2)分部分项工程量清单应采用综合单价计价。综合单价是指分项工程除规费、税金外的全部费用,即由人工费、材料费、机械使用费、管理费、利润等组成,并考虑风险费用。

(3)招标文件中的工程量清单标明的工程量是投标人投标报价的共同基础,竣工结算的工程量按发、承包双方在合同中约定应予计量且实际完成的工程量确定。

(4)措施项目清单计价应根据拟建工程的施工组织设计,可以计算工程量的措施项目,应按分部分项工程量清单的方式采用综合单价计价;其余的措施项目可以"项"为单位的方式计价,应包括除规费、税金外的全部费用。

(5)措施项目清单中的安全文明施工费应按照国家或省级、行业建设主管部门的规定计价,不得作为竞争性费用。

(6)其他项目清单应根据工程特点和工程量清单计价规范的规定计价。

(7)招标人在工程量清单中提供了暂估价的材料和专业工程属于依法必须招标的,由承包人和招标人共同通过招标确定材料单价与专业工程分包价。

(8)规费和税金应按国家或省级、行业建设主管部门的规定计算,不得作为竞争性费用。

(9)采用工程量清单计价的工程,应在招标文件或合同中明确风险内容及其范围(幅度),不得采用无限风险、所有风险或类似语句规定风险内容及其范围(幅度)。

7 工程量清单计价格式

工程量清单计价应采用统一格式,工程量清单计价格式应随同招标文件发至投标人。投标人填写时应注意以下几点:

(1)投标人在填写分部分项工程清单综合单价分析表时,表中的序号、项目编号、项目名称、计量单位、工程数量必须按分部分项工程清单中的相应内容填写。

(2)措施项目清单计价表中的序号、项目名称必须按措施项目清单中的相应内容填写。投标人可以根据施工组织设计采取的措施增减项目。

(3)其他项目清单计价表中的序号、项目名称必须按其他项目清单中的相应内容填写;招标人部分的金额由招标人按估算金额填写;投标人部分的金额必须根据招标人提出的要求由投标人填写费用。

(4)主要材料价格表应由投标人依据招标人提供的详细材料编码、材料名称、规格型号和计量单位填写单价,且所填单价必须与工程量清单计价表中采用的相应材料的单价一致。

工程量清单的计价格式见前述内容。

任务 6.2　装饰工程工程量清单计价实例

××剧院影厅装饰工程总面积为 527 m²(其中一层为 54 m²,二层为 473 m²);卫生间面积为 15 m²;楼梯面积为 42 m²;二层进出场通道面积为 83.4 m²;放映机房面积:1 号为 12.8 m²,2 号为 5.9 m²;办公设备用房面积为 47.3 m²。

1　工程量清单封面

封-1

　　　　　××剧院影厅装饰工程　　　　　投标总价

招　　标　　人:　　　　××市××剧院

工　程　名　称:　　　　××剧院影厅装饰工程

投标总价(小写):　　　　¥293 634.30 元

(大　　　　写):贰拾玖万叁仟陆佰叁拾肆元叁角整

投　　标　　人:　　××市××建筑装饰有限公司

　　　　　　　　　　　　　(单位盖章)

法 定 代 表 人
或 其 授 权 人:　　　　　　×××

　　　　　　　　　　　　　(签字或盖章)

编　　制　　人:　　　　　×××

　　　　　　　　　　　(造价人员签字盖专用章)

编　制　时　间:20　　年　　月　　日

建筑装饰工程计量与计价

2 总说明

总说明

工程名称:××剧院影厅装饰工程　　　　　　　　　　　　　　第1页 共1页

　　1.工程概况:该工程总面积为 527 m²(一层为 54 m²,二层为 473 m²);卫生间面积为 15 m²;楼梯面积为 42 m²;二层进出场通道面积为 83.4 m²;放映机房面积:1 号为 12.8 m²,2 号为 5.9 m²;办公设备用房面积为 47.3 m²。

　　2.投标报价中未包含下列工程项目的费用:
　　(1)强电线路及其电气设备;
　　(2)弱电线路及其相关设备;
　　(3)上下水改造及卫生间与走廊块材地面和墙面;
　　(4)观众厅墙面外层吸音材料;
　　(5)幕布;
　　(6)所有门;
　　(7)放映窗口;
　　(8)其他要求增设但无设计图纸部分内容。

　　3.投标报价编制依据:
　　(1)投标报价的工程量根据甲方提供的几份图纸由投保人自行确定;
　　(2)《建设工程工程量清单计价规范》(GB 50500—2013);
　　(3)有关的技术标准、规范和安全管理的管理规定等;
　　(4)××省建设行政主管部门颁布的计价定额、计价管理办法及相关的计价文件;
　　(5)投标报价中的材料价格依据本公司掌握的市场价格情况并参照××市工程造价管理站 2008 年 10 月工程造价信息发布的价格

---

3 工程项目投标报价汇总表

工程项目投标报价汇总表

工程名称:××剧院影厅装饰工程　　　　　　　　　　　　　　第1页 共1页

序号	单项工程名称	金额(元)	其中		
			暂估价(元)	安全文明施工费(元)	规费(元)
1	××剧院影厅装饰工程	293 634.30		10 504.37	12 894.81
	合计	293 634.30		10 504.37	12 894.81

4 单项工程投标报价汇总表

单项工程投标报价汇总表

工程名称:××剧院影厅装饰工程　　　　　　　　　　　　　　第1页 共1页

序号	单项工程名称	金额(元)	其中		
			暂估价(元)	安全文明施工费(元)	规费(元)
1	××剧院影厅装饰工程	293 634.30		10 504.37	12 894.81
	合计	293 634.30		10 504.37	12 894.81

5 单位工程投标报价汇总表

单位工程投标报价汇总表

工程名称:××剧院影厅装饰工程 　　　　　　　　　　　　　第1页 共1页

序号	汇总内容	金额(元)	其中:暂估价(元)
1	分部分项工程	251 880.89	
1.1			
1.2			
1.3			
1.4			
1.5			
2	措施项目	15 893.50	
2.1	安全文明施工费	10 504.37	
3	其他项目	3 200.00	
3.1	暂列金额		
3.2	专业工程暂估价		
3.3	计日工	3 200.00	
3.4	总承包服务费		
4	规费	12 894.81	
5	税金	9 765.10	
	投标报价合计 = 1+2+3+4+5	293 634.30	

6 分部分项工程量清单与计价表

分部分项工程量清单与计价表

工程名称：××剧院影厅装饰工程　　　　标段：　　　　　　　　　　　第 1 页 共 2 页

序号	项目编码	项目名称	项目特征描述	计量单位	工程量	金额（元）		
						综合单价	合价	其中：暂估价
一、墙、柱面工程								
1	011207001001	观众厅间隔墙基层	50 轻钢龙骨架； 内衬 50 厚矿棉毡； 15 厚纸面防火石膏板； 1.2 厚阻尼毡； 15 厚纸面防火石膏板	m²	99.84	244.46	24 406.89	
2	011207001002	观众厅其他墙面基层	50 轻钢龙骨架； 内衬 50 厚矿棉毡； 15 厚纸面防火石膏板	m²	259.53	151.48	39 313.61	
二、天棚工程								
3	011302001001	观众厅天棚吊顶	一级吊顶； UC38 主龙骨、H 形暗插龙骨骨架； 内衬 50 厚 50 kg 岩棉毡； 北京星牌矿棉吸音板； 矿棉吸音板外喷黑色乳胶漆两遍	m²	248.10	174.36	43 258.72	
4	011302001002	机房天棚吊顶	一级吊顶； UC38 主龙骨、H 形暗插龙骨骨架； 北京星牌矿棉吸音板	m²	18.70	105.36	1 970.23	
5	011302001003	卫生间天棚吊顶	一级吊顶； 30×40 木龙骨、间距为 300×300 内部骨架； PVC 扣板面层	m²	15.10	97.98	1 479.50	
6	011302001004	二楼进出场通道及走廊天棚吊顶	一级吊顶； UC38 主龙骨、50 副龙骨骨架，间距 450×450； 12 厚纸面石膏板； 板缝进行嵌缝处理； 板面满刮腻子三遍； 面层刷乳胶漆三遍	m²	136.26	126.58	17 247.79	
		本页小计					127 676.74	
		合计					127 676.74	

分部分项工程量清单与计价表

工程名称:××剧院影厅装饰工程　　　标段:　　　　　　　　　　　第1页 共2页

序号	项目编码	项目名称	项目特征描述	计量单位	工程量	综合单价	合价	其中:暂估价
三、油漆、涂料、裱糊工程								
7	011407001001	墙面刷乳胶漆	砌块墙体; 墙面刷封底底漆一遍; 墙面满刮腻子三遍; 墙面刷乳胶漆三遍	m²	421.00	25.09	10 562.89	
8	011407001002	楼梯底部刷乳胶漆	钢筋混凝土板; 板底满刮腻子三遍; 板底刷乳胶漆三遍	m²	101.40	20.65	2 093.91	
9	011407001003	办公室顶棚刷乳胶漆	钢筋混凝土楼板; 板底面满刮腻子三遍; 板底刷乳胶漆三遍	m²	47.30	20.65	976.75	
10	01B001	满堂脚手架	钢管架上铺木脚手板;高度在3.6~5.2 m,基本层	m²	465.46	12.04	5 604.14	
11	01B002	满堂脚手架	钢管架上铺木脚手板;高度在5.2 m以上,增加层	m²	248.1	2.86	709.57	
四、金属结构工程								
12	010606012001	观众厅银幕骨架加工及安装	50×80 方钢管立柱,30×50 方钢管银幕边框; 50×50角钢横撑; 外刷二遍防锈漆、一遍深金属漆	t	3.82	8 215.19	31 382.02	
13	010606012002	观众厅主扬声器骨架加工及安装	50×50角钢平台框架; 外刷二遍防锈漆、一遍黑色金属漆; 框架平台上铺18厚高密度板	t	5.95	8 786.25	52 278.19	
14	01B003	银幕边幕固定	阻燃黑色丝绒布; 上下边穿木杆固定; 周边由ϕ6维纶编制幕绳拉紧	m²	35.35	582.65	20 596.68	
本页小计							124 204.15	
合计							251 880.89	

7 工程量清单综合单价分析表

工程量清单综合单价分析表

工程名称:××剧院影厅装饰工程　　　　标段:　　　　　　　　　　

项目编码	011207001001	项目名称		观众厅间隔墙基层		计量单位		m²	

清单综合单价组成明细

定额编号	定额项目名称	定额单位	数量	单价				合价			
				人工费	材料费	机械费	管理费和利润	人工费	材料费	机械费	管理费和利润
9-2-259	50轻钢龙骨	10 m²	0.1	38.28	475.91	9.48	23.00	3.83	47.59	0.95	2.30
9-2-330	内衬50厚矿棉毡	10 m²	0.1	48.40	456.87		29.04	4.84	45.69		2.91
9-2-269	双层15厚纸面防火石膏板	10 m²	0.1	99.44	708.24		59.67	9.95	70.83		5.97
9-2-292	1.2厚阻尼毡	10 m²	0.1	101.2	386.43		60.72	10.12	38.65		6.07
人工单价		小计						28.74	202.76	0.95	17.25
44 元/工日		未计价材料费									
清单项目综合单价								249.70			

	主要材料名称、规格、型号			单位	数量	单价(元)	合价(元)	暂估单价(元)	暂估合价(元)
材料费明细									
	其他材料费					—		—	
	材料费小计					—		—	

注:1.如不使用省级或行业建设主管部门发布的计价依据,可不填定额项目、编号等。

　2.招标文件提供了暂估单价的材料,按暂估的单价填入表内"暂估单价"栏及"暂估合价"栏。

8 措施项目清单与计价表

措施项目清单与计价表(一)

工程名称:××剧院影厅装饰工程　　　标段:　　　　　　　　　　第1页共1页

序号	项目名称	计算基础	费率(%)	金额(元)
1	安全文明施工费	人工费	30	10 504.37
2	夜间施工费	人工费	2	700.29
3	二次搬运费	人工费	3.5	1 225.51
4	冬雨季施工	人工费	3.5	1 225.51
5	已完工程及设备保护	分部分项工程费	0.15	377.82
6	各专业工程的措施项目	(1)		1 860.00
(1)	室内空气污染检测			1 860.00
7				
8				
9				
10				
合计				15 893.50

注:1.本表适用于以"项"计价的措施项目。

　2.根据建设部、财政部发布的《建筑安装工程费用组成》(建标〔2003〕206号)的规定,"计算基础"可为"直接费""人工费"或"人工费+机械费"。

措施项目清单与计价表(二)

工程名称:××剧院影厅装饰工程　　　标段:　　　　　　　　　　第1页 共1页

序号	项目编码	项目名称	项目特征描述	计量单位	工程量	金额(元)	
						综合单价	合价
1							
2							
3							
4							
5							
⋮							
本页小计							
合计							

注:本表适用于以综合单价形式计价的措施项目。

9 其他项目清单与计价汇总表

其他项目清单与计价汇总表

工程名称:××剧院影厅装饰工程　　　标段:　　　　　　　　　　第1页 共1页

序号	项目名称	计量单位	金额(元)	备注
1	暂列金额			详见明细表
2	暂估价			
2.1	材料暂估价			详见明细表
2.2	专业工程暂估价			详见明细表
3	计日工		3 200.00	详见明细表
4	总承包服务费			详见明细表
5				
	合计		3 200.00	—

注:材料暂估单价进入清单项目综合单价,此处不汇总。

10 暂列金额明细表

暂列金额明细表

工程名称:××剧院影厅装饰工程　　　标段:　　　　　　　　　　第1页 共1页

序号	项目名称	计量单位	暂定金额(元)	备注
1				
2				
3				
4				
5				
6				
7				
8				
9				
10				
11				
12				
	合计			

注:此表由招标人填写,如不能详列,也可只列暂定总额,投标人应将上述暂列金额计入投标总价中。

11 材料暂估单价表

材料暂估单价表

工程名称:××剧院影厅装饰工程　　　　标段:　　　　　　　　　　　　　第1页 共1页

序号	材料名称、规格、型号	计量单位	单价(元)	备注

注:1.此表由招标人填写,并在"备注栏"说明暂估价的材料拟用在哪些清单项目上,投标人应将上述材料暂估单价计入工程量清单综合单价报价中。

　　2.材料包括原材料、燃料、构配件以及按规定应计入建筑安装工程造价的设备。

12 专业工程暂估价表

专业工程暂估价表

工程名称:××剧院影厅装饰工程　　　　标段:　　　　　　　　　　　　　第1页 共1页

序号	工程名称	工程内容	金额(元)	备注
	合计			

注:此表由招标人填写,投标人应将上述专业工程暂估价计入投标总价中。

13　计日工表

计日工表

工程名称:××剧院影厅装饰工程　　　　标段:　　　　　　　　　第 1 页 共 1 页

编号	项目名称	单位	暂定数量	综合单价	合价
一	人工				
1	普工	工日	20	70	1 400
2	技工	工日	15	120	1 800
3					
4					
	人工小计				3 200
二	材料				
1					
2					
3					
4					
	材料小计				0.00
三	施工机械				
1					
2					
3					
	施工机械小计				0.00
	总计				3 200

注:此表项目名称、数量由招标人填写,编制招标控制价时,单价由招标人按有关计价规定确定;投标时,单价由投标
人自主报价,计入投标总价中。

14　总承包服务费计价表

总承包服务费计价表

工程名称:××剧院影厅装饰工程　　　　标段:　　　　　　　　　第 1 页 共 1 页

序号	项目名称	项目价值(元)	服务内容	费率(%)	金额(元)
1	发包人发包专业工程				
2	发包人供应材料				
	合计				

15　规费、税金项目清单与计价表

规费、税金项目清单与计价表

工程名称:××剧院影厅装饰工程　　　标段:　　　　　　　　　第1页　共1页

序号	项目名称	计算基础	费率(%)	金额(元)
1	规费			
1.1	工程排污费	分部分项工程费	1.0	2 518.81
1.2	社会保障费	(1)+(2)+(3)		
(1)	养老保险费	人工费	14	4 902.04
(2)	失业保险费	人工费	2	700.29
(3)	医疗保险费	人工费	6	2 100.87
1.3	住房公积金	人工费	6	2 100.87
1.4	危险作业意外伤害保险	人工费	0.5	175.07
1.5	工程定额测定费	税前工程造价	0.14	396.86
2	税金	分部分项工程费+措施项目费+其他项目费+规费	3.44	9 765.10
	合计			22 659.91

注:根据建设部、财政部发布的《建筑安装工程费用组成》(建标〔2003〕206号)的规定,"计算基础"可为"直接费""人工费"或"人工费+机械费"。

复习思考题

1.简述工程量清单计价的基本原理。

2.工程量清单计价的费用组成有哪些?

3.工程量清单计价的特点有哪些?

4.工程量清单计价的依据有哪些?

5.简述工程量清单计价的步骤。

6.综合单价由哪些费用组成?

学习项目7 建筑装饰工程结算和竣工决算

【教学要求】

本项目主要介绍了装饰装修工程结算的概念、编制方法及装饰工程结算的编制与审查;装饰装修工程竣工决算的概念、内容及装饰工程竣工决算的编制与审查。建筑装饰工程竣工决算是建设工程实际造价和投资结果的正确反映。通过对本项目内容的学习,学生应掌握建筑装饰工程结算方法及竣工决算的方法。

任务7.1 建筑装饰工程结算

1 建筑装饰工程结算的概念及意义

1.1 建筑装饰工程结算的概念

建筑装饰工程结算是指在建筑装饰工程的经济活动中,施工单位依据承包合同中关于付款条款的规定和已经完成的工程量,并按照规定的程序向业主(建设单位)收取工程价款的一项经济活动。

由于建筑装饰工程施工周期长,人工、材料和资金耗用量大,在工程实施的过程中为了合理补偿工程承包商的生产资金,通常将已完成的部分施工工程量作为"假定合格建筑装饰产品",按有关文件规定或合同约定的结算方式结算工程价款并按规定时间和额度支付给工程承包商,这种行为通常称为工程结算。

1.2 建筑装饰工程结算的意义

(1)建筑装饰工程结算是反映工程进度的主要指标。在施工过程中,工程价款的结算主要是按照已完成的工程量进行结算的。也就是说,承包商完成的工程量越多,所应结算的工程价款就应越多,所以累计结算的工程价款占合同总价款的比例,能够近似地反映出工程的进度情况,有利于准确掌握工程进度。

(2)建筑装饰工程结算是加速资金周转的重要环节。承包商尽早地结算工程价款,有利于资金回笼,降低内部运营成本。通过加速资金周转,可提高资金使用的有效性。

(3)建筑装饰工程结算是考核经济效益的重要指标。对于承包商来说,只有工程价款如数地结算,才能够获得相应的利润,进而达到预期的经济效益。

2 工程结算的分类

建筑产品价值大、生产周期长的特点,决定了工程结算必须采取阶段性结算的方法。工程结算一般可分为工程价款结算和工程竣工结算两种。

竣工结算指施工企业按照合同规定的内容,全部完成所承包的单位工程或单项工程,经有关部门验收质量合格,并符合合同要求后,按照规定程序向建设单位办理最终工程价款结算的一项经济活动。

2.1　工程价款结算

我国现行的工程价款结算根据不同情况,可采取以下方式:

(1)按月结算方式。

实行旬末或月中预支、月终结算、竣工后清算的办法。跨年度竣工的工程,在年终进行工程盘点,办理年度结算。我国现行建筑安装工程价款结算中,相当一部分实行这种按月结算方式。

(2)竣工后一次结算方式。

建设项目或单项工程全部建筑安装工程的建设期在 12 个月以内,或者工程承包合同价值在 100 万元以下的工程,可以实行工程价款每月月中预支,竣工后一次结算。当年结算的工程款应与年度完成的工作量一致,年终不另清算。

(3)分段结算方式。

当年开工,且当年不能竣工的单项工程或单位工程,按照工程形象进度或工程阶段,划分不同阶段进行结算。分段的划分标准,由各部门、省、自治区、直辖市、计划单列市规定。分段结算可以按月预支工程款,当年结算的工程款应与年度完成的工作量一致,年终不另清算。

(4)目标结算方式。

在工程合同中,将承包工程的内容分解成不同的控制界面,以建设单位验收控制界面作为支付工程价款的前提条件。也就是说,将合同中的工程内容分解成不同的验收单元,当施工企业完成单元工程内容并经有关部门验收质量合格后,建设单位支付构成单元工程内容的工程价款。

目标结算方式下,承包商要想获得工程价款,必须按照合同约定的质量标准完成界面内的工程内容;要想尽早获得工程价款,承包商必须充分发挥自己的组织实施能力,在保证质量前提下,加快施工进度。这意味着承包商拖延工期时,则业主推迟付款,增加承包商的财务费用、运营成本,降低承包商的收益,客观上使承包商因延迟工期而遭受损失。同样,若承包商积极组织施工,提前完成控制界面内的工程内容,则承包商可提前获得工程价款,增加承包收益,客观上承包商因提前工期而增加了有效利润。同时,因承包商在界面内质量达不到合同约定的标准而业主不予验收,承包商也会因此而遭受损失。可见,目标结算方式实质上是运用合同手段和财务手段对工程的完成进行主动控制。

在目标结算方式中,对控制界面的设定应明确描述,便于量化和质量控制,同时要适应项目资金的供应周期和支付频率。

(5)结算双方约定并经开户建设银行同意的其他结算方式。

2.2　工程预付备料款结算

工程项目开工前,为了确保工程施工正常进行,建设单位应按照合同规定,拨付给施工企业一定限额的工程预付备料款。此预付备料款构成施工企业为该工程项目储备主要材料和结构件所需的流动资金。

2.2.1　预付备料款限额

建设单位向施工企业预付备料款的限额,取决于以下几个因素:

（1）工程项目中主要材料（包括外购构件）占工程合同造价的比重；

（2）材料储备期；

（3）施工工期。

在实际工作中，为了简化计算，预付备料款的限额可按预付款占工程合同造价的额度计算。预付备料款额度：建筑工程一般不应超过年建筑工程（包括水、电、暖）工程量的30%；安装工程一般不应超过年安装工程量的10%；材料占比重较大的安装工程按年计划产值的15%左右拨付。对于材料由建设单位供给的只包工不包料工程，则可以不预付工程备料款。

2.2.2　预付备料款扣回

当工程进展到一定阶段时，随着工程所需储备的主要材料和结构件逐步减少，建设单位应将开工前预付的备料款，以抵充工程进度款的方式陆续扣回，并在竣工结算前全部扣清。

2.3　工程进度款结算

工程进度款是指工程项目开工后，施工企业按照工程施工进度和施工合同的规定，以当月（期）完成的工程量为依据计算各项费用，向建设单位办理结算的工程价款。一般在月初结算上月完成的工程进度款。

工程进度款的结算分三种情况，即开工前期进度款结算、施工中期进度款结算和工程尾期进度款结算三种。

2.3.1　开工前期进度款结算

从工程项目开工，到施工进度累计完成的产值小于"起扣点"，这期间称为开工前期。此时，每月结算的工程进度款应等于当月（期）已完成的产值。

2.3.2　施工中期进度款结算

当工程施工进度累计完成的产值达到"起扣点"以后，至工程竣工结束前一个月，这期间称为施工中期。此时，每月结算的工程进度款，应扣除当月（期）应扣回的工程预付备料款。

2.3.3　工程尾期进度款结算

按照国家有关规定，工程项目总造价中应预留一定比例的尾留款作为质量保修费用，又称保留金。待工程项目保修期结束后，视保修情况最后支付。

工程尾期（最后月）的进度款，除按施工中期的办法结算外，尚应扣留保留金。我国现行工程价款结算根据不同情况，可采取多种方式。

3　工程结算的原则

编制工程结算是一项严肃而细致的工作，既要准确地执行国家或地方的有关规定，又要实事求是地核算施工企业完成的工程价值。因此，施工企业在编制工程结算时，应遵循下列原则：

（1）要对办理工程结算的项目进行全面的清点（包括工程数量、工程质量等），这些内容都必须符合设计及验收规范要求。对于未完成或质量不合格的工程，不能结算。需要返工的，应返工修补合格后才能结算。

（2）施工企业应以对国家负责的态度、实事求是的精神，正确地确定工程最终造价，反对巧立名目、高估乱要的不正之风。

（3）严格按照国家或地区的定额、取费标准、调价系数以及工程合同（或协议书）的要求，编制工程结算书。

（4）编制工程结算书应按编制程序和方法进行。

4　工程结算的方法

施工企业在采用按月结算工程价款方式时，要先取得各月实际完成的工程数量，并按照工程预算定额中的工程直接费预算单价、间接费用定额和合同中采用的利税率，计算出已完工程造价。实际完成的工程数量，由施工单位根据有关资料计算，并编制"已完工程月报表"，然后按照发包单位编制"已完工程月报表"（见表 7-1），将各个发包单位的本月已完工程造价汇总反映。再根据"已完工程月报表"编制"工程价款结算账单"（见表 7-2），与"已完工程月报表"一起，分送发包单位和经办银行，据此办理结算。

表 7-1　已完工程月报表

发包单位：　　　　　　　　　　年　　月　　日　　　　　　　　　　单位：元

单项工程和单位工程名称	合同造价	建筑面积	开竣工日期		实际完成工程量		备注
			开工日期	竣工日期	至上月(期)止已完工程累计	本月(期)已完工程	

表 7-2　工程价款结算账单

发包单位：　　　　　　　　　　年　　月　　日　　　　　　　　　　单位：元

单项工程和单位工程名称	合同造价	本月(期)应收工程款	应扣款项			本月(期)应收工程款	尚未归还	累计已收工程款	备注
			合计	预收工程款	预收备料款				

施工企业在采用分段结算工程价款方式时，要在合同中规定工程部位完工的月份，根据已完工程部位的工程数量计算已完工程造价，按发包单位编制"已完工程月报表"和"工程价款结算账单"。

对于工期较短、能在年度内竣工的单项工程或小型建设项目，可在工程竣工后编制"工程价款结算账单"，按合同中工程造价一次结算。

"工程价款结算账单"是办理工程价款结算的依据。工程价款结算账单中所列应收工程款应与随同附送的"已完工程月报表"中的工程造价相符，"工程价款结算账单"除列明应收工程款外，还应列明应扣预收工程款、预收备料款、发包单位供给材料价款等应扣款项，算出本月实收工程款。

为了保证工程按期收尾竣工，工程在施工期间，不论工期长短，其结算工程款，一般不得超过承包工程价值的 95%，结算双方可以在 5%的幅度内协商确定尾款比例，并在工程承包合同中注明。

5 工程竣工结算

5.1 竣工结算的含义

工程竣工结算分为单位工程竣工结算、单项工程竣工结算和建设项目竣工总结算。《建设工程价款结算暂行办法》规定：单位工程竣工结算由承包人编制，发包人审查；实行总承包工程，由具体承包人编制，在总包人审查的基础上，发包人审查。单项工程竣工结算或建设项目竣工结算由总(承)包人编制，发包人可直接进行审查，也可委托具有相应资质的工程造价咨询机构进行审查。政府投资的项目，由同级财政部门审查。单项工程竣工结算或建设项目竣工总结算经发、承包人签字盖章后有效。

在实际工作中，当年开工、竣工的工程，只需办理一次性结算。跨年度的工程，在年终办理一次年终结算，将未完工程转结到下一年度，此时竣工结算等于各年度结算的总和。竣工结算是在施工图预算的基础上，根据实际施工中出现的变更、签证等实际情况由施工企业负责编制的。在工程施工过程中，由于遇到一些原设计无法预计的情况，如基础工程施工遇软弱土、流沙、阴河、古墓、孤石等，必然会引起设计变更、施工变更等原施工图预算中未包括的内容。因此，在工程竣工验收后，建设单位与施工企业应根据施工过程中的实际变更情况进行竣工结算。

5.2 竣工结算的作用

(1)竣工结算是施工企业与建设单位结清工程费用的依据；

(2)竣工结算是施工企业考核工程成本，进行经济核算的依据；

(3)竣工结算是编制概算定额和概算指标的依据。

6 工程竣工结算的编制依据、内容及编制方法

6.1 工程竣工结算的编制依据

(1)工程竣工验收报告和工程竣工验收单；

(2)经审批的原施工图预算和施工合同或协议；

(3)设计变更通知单、施工现场工程变更洽商记录和经审批的原施工图；

(4)现行预算定额、地区人工工资标准、材料预算价格、价差调整文件以及各项费用指标等资料；

(5)工程竣工图和隐蔽工程记录；

(6)现场零星用工和借工签证；

(7)其他有关资料及现场记录。

6.2 工程竣工结算的内容和编制方法

工程竣工结算的内容和编制方法与施工图预算基本相同。只是结合施工中历次设计变更、材料价差等实际变动情况，在原施工图预算基础上进行部分增减调整。

6.2.1 工程量的量差调整

工程量的量差是指原施工图预算所列分项工程量与实际完成的分项工程量不符而发生的差异。这是编制竣工结算的主要部分。这部分量差主要由以下原因造成：

(1)设计单位提出的设计变更。

工程开工后,由于某种原因,设计单位要求改变某些施工方法,经与建设单位协商后,填写设计变更通知单,作为结算增减工程量的依据。

(2)施工企业提出的设计变更。

此种情况比较多见,由于施工方面的原因,如施工条件发生变化、某种材料缺货需用其他材料代替等,要求设计单位进行的设计变更。经设计单位和建设单位同意后,填写设计变更洽商记录,作为结算增减工程量的依据。

(3)建设单位提出的设计变更。

工程开工后,建设单位根据自身的意向和资金筹措到位的情况,增减某些具体工程项目或改变某些施工方法。经与设计单位、施工企业、监理单位协商后,填写设计变更洽商记录,作为结算增减工程量的依据。

(4)监理单位或建设单位工程师提出的设计变更。

此种情况是因为发现有设计错误或不足之处,经设计单位同意提出设计变更。

(5)施工中遇到某种特殊情况引起的设计变更。

在施工中,由于遇到一些原设计无法预计的情况,如基础开挖后遇到古墓、枯井、孤石、流沙、阴河等,需要进行处理。设计单位、建设单位、施工企业、监理单位共同研究,提出具体处理意见,填写设计变更洽商记录,作为结算增减工程量的依据。计算分部分项工程增减工程量的直接费,通常采用本地区规定的表格进行,也可按照表7-3进行。

表7-3　工程量变更记录

编号	洽商记录	定额编号	工程或费用名称	单位	增加部分					减少部分				
					数量	工料单位	工料合计	其中		数量	工料单位	工料合计	其中	
								人工单价	人工合价				人工单价	人工合价

6.2.2　材料价差的调整

材料价差是指因工程建设周期较长或建筑材料供应不及时,造成材料实际价格与预算价格存在差异,或因材料代用发生的价格差额。

在工程竣工结算中,材料价差的调整范围应严格按照当地的有关规定办理,不允许擅自调整。

由建设单位供应并按材料预算价格转给施工企业的材料,在竣工结算时,不得调整。材料价差由建设单位单独核算,在编制工程决算时摊入工程成本。

由施工企业采购的材料进行价差调整,必须在签订合同时予以明确。材料价差调整的方法有单项调整和按系数调整两种。一般工程中常用的主材采用单项调整方法,辅材价差一般采用系数调整方法,这属于政策性价差调整。其调整系数不同地区、不同时期都有不同的规定,应严格按各地区的规定执行。因材料供应缺口或其他原因发生的"以大代小"等情况所引起的材料价差,应根据工程材料代用核定通知单计算。

6.2.3　费用调整

费用调整是指以直接费或人工费为计费基础,计算的其他直接费、现场经费、间接费、计划利润和税金等费用的调整。工程量的增减变化,会引起措施费、间接费、利润和税金等费用的增减,这些费用应按当地费用定额的规定进行相应调整。

各种材料价差一般不调整间接费。因为费用定额是在正常条件下制定的,不能随材料价格的变化而变动。但各种材料价差应列入工程预算成本,按当地费用定额的规定,计取计划利润和税金。其他费用,如属于政策性的调整费、因建设单位原因发生的窝工费用、建设单位向施工企业的清工和借工费用等,应按照当地规定的计算方式在结算时一次清算。另外,施工企业在施工现场使用建设单位的水、电费用,也应按规定在工程结算时退还建设单位,做到工完账清。

7　单位(单项)工程竣工结算书的编制

目前,竣工结算书没有统一规定的表格。有的用预算表代用,有的则根据工程特点和实际需要自行设计表格。

竣工结算书通常包括下列内容:

(1)编制说明;

(2)工程竣工结算费用计取程序表,见费用定额;

(3)工程设计变更直接费调整计算表;

(4)材料价差调整计算表;

(5)原审定的施工图预算书及施工合同有关条款。

任务 7.2　工程竣工决算

1　工程竣工决算的概念

建设项目竣工决算是指所有建设项目竣工后,建设单位按照国家有关规定在新建、改建和扩建工程建设项目竣工验收阶段编制的竣工决算报告。竣工决算是以实物数量和货币指标为计量单位,综合反映竣工项目从筹建开始到项目竣工交付使用为止的全部建设费用、建设成果和财务情况的总结性文件,是竣工验收报告的重要组成部分。竣工决算是正确核定新增固定资产价值、考核分析投资效果、建立健全经济责任制的依据,是反映建设项目实际造价和投资效果的文件。

工程竣工决算费用包括建筑安装工程费、设备工器具购置费、预备费、工程建设其他费用和投资方向调节税支出费用等。

竣工决算对于总结分析建设过程的经验教训,提高工程造价管理水平,积累技术经济资料,为有关部门制订类似工程的建设计划和修订概预算定额指标提供资料和经验,具有重要的意义。

2　竣工决算的内容

竣工决算的内容包括竣工财务决算说明书、竣工财务决算报表、工程竣工图和工程造价比较分析等四个组成部分。其中,竣工财务决算说明书和竣工财务决算报表又合称为竣工财务决算,它是竣工决算的核心内容。

大中型建设项目竣工决算报表一般包括竣工工程概况表、竣工财务决算表、建设项目交付使用财产总表及明细表、建设项目建成交付使用后的投资效益表等。大中型建设项目竣工工程概况表如表 7-4 所示。

表 7-4　大中型建设项目竣工工程概况表

建设项目名称	建设地址					项目	概算（元）	报审数（元）	备注
主要设计单位	主要施工企业					建筑安装工程			
						设备、工具、器具			
占地面积（m²）	计划	实际	总投资（万元）	设计	实际	待摊投资			
						其中:建设单位管理费			
新增生产能力	能力(效益名称)		设计	实际		其他投资			
						待核销基建支出			
建设起止时间	设计	从　年　月开工至　年　月竣工				非经营项目转出投资			
	实际	从　年　月开工至　年　月竣工				合计			
计划概算(立项)批准文号									

完成主要工程量	建设规模		设备(台、套、t)	
	设计	实际	设计	实际

收尾工程	工程项目、内容	已完成投资额	尚需投资额	完成时间
	小计			
主要技术经济指标				

小型建设项目竣工财务决算报表由竣工决算表和建设项目交付使用财产明细表组成。

在编制竣工财务决算表时,主要应注意以下几个问题:

(1)资金来源中的资本金与资本公积金的区别。资本金是项目投资者按照规定,筹集并投入项目的非负债资金,竣工后形成该项目(企业)在工商行政管理部分登记的注册资金;资本公积金是指投资者对该项目实际投入的资金超过其应投入的资本金的差额,项目竣工后这部分资金形成项目(企业)的资本公积金。

(2)项目资本金与借入资金的区别。如前所述,资本金是非负债资金,属于项目的自有资金;而借入资金,无论是基建借款、投资借款,还是发行债券等,都属于项目的负债资金。这是两者根本性的区别。

(3)资金占用中的交付使用资产与库存器材的区别。交付使用资产是指项目竣工后,交付使用的各项新增资产的价值;而库存器材是指没有用在项目建设过程中的、剩余的工器具及材料等,属于项目的节余,不形成新增资产。

3 工程竣工决算的编制

3.1 竣工决算的编制依据

(1)经批准的可行性研究报告及其投资估算书。

(2)经批准的初步设计或扩大初步设计及其概算或修正概算书。

(3)经批准的施工图设计及其施工图预算书。

(4)设计交底或图纸会审会议纪要。

(5)招投标的标的、承包合同、工程结算资料。

(6)施工记录或施工签证单及其他施工发生的费用记录,如索赔报告与记录、停(交)工报告等。

(7)竣工图及各种竣工验收资料。

(8)历年基建资料、历年财务决算及批复文件。

(9)设备、材料调价文件和调价记录。

(10)有关财务核算制度、办法和其他有关资料、文件等。

3.2 工程竣工决算的编制步骤

(1)收集、整理、分析原始资料。

(2)对照、核实工程变动情况,重新核实各单位工程、单项工程造价。

(3)经审定的待摊投资、其他投资、待核销基建支出和非经营项目的转出投资应分别写入相应的基建支出栏目内。

(4)编制竣工财务决算书。

(5)认真填报竣工财务决算报表。

(6)认真做好工程造价对比分析。

(7)清理、装订好竣工图。

(8)按国家规定上报审批,存档。

3.3 工程竣工决算的编制方法

根据经审定的施工单位竣工结算等原始资料,对原概(预)算进行调整,重新核定各单位工程或单项工程的造价。属于增加固定资产价值的其他投资,如建设单位管理费、研究试验费、土地征用费及拆迁补偿费等,应分摊于受益工程,随在受益工程交付使用的同时,一并计入新增固定资产价值。

4　新增资产的划分与核定

4.1　新增资产的划分

新增资产的划分与核定按照财务制度及有关规定,新增资产按资产性质划分为固定资产、流动资产、无形资产、递延资产和其他资产共五大类。

4.1.1　固定资产

固定资产是指使用期限超过一年,单位价值在规定标准以上(如 1 000 元或 2 000 元),并且在使用过程中保持原有物质形态的资产,包括房屋及建筑物、机电设备、运输设备、工具器具等。不同时具备以上两个条件的资产为低值易耗品,应列入流动资产范围内,如企业自身使用的工具、器具、家具等。

4.1.2　流动资产

流动资产是指可以在一年内或超过一年的一个营业周期内变现或者运用的资产,包括现金及各种存货、应收及预付款项等。

4.1.3　无形资产

无形资产是指企业长期使用但没有实物形态的资产,包括专利权、著作权、非专利技术、商誉等。

4.1.4　递延资产

递延资产是指不能全部计入当年损益,应当在以后年度分期摊销的各项费用,包括开办费、租入固定资产的改良工程(如延长使用寿命的改装、翻修、改造等)支出等。

4.1.5　其他资产

其他资产是指具有专门用途,但不参加生产经营的经国家批准的特种物资、银行冻结存款和冻结物资、涉及诉讼的财产等。

4.2　新增资产的划分与核定

4.2.1　新增固定资产价值的计算

计算以单项工程为对象,单项工程建成经验收合格,正式移交生产使用,即应计算新增固定资产价值。

计算新增固定资产价值时,首先要清楚其包括的范围。新增固定资产价值共包括三项内容,即交付使用的建安工程造价;达到固定资产标准的设备及工器具的费用;其他费用(包括土地征用及迁移费,即通过划拨方式取得无限期土地使用权而支付的土地补偿费、附着物和青苗补偿费、安置补助费、迁移费等)、联合试运费、勘察设计费、项目可行性研究费、施工机构迁移费、报废工程损失费,以及建设单位管理费中达到固定资产标准的办公设备、生活家具和用具、交通工具等的购置费。

4.2.2　流动资产价值的确定

流动资产价值的确定中,主要是存货价值的确定,应区分是外购的还是自制的,两种途径取得的存货其价值的计算是不一样的。

(1)货币资金,即现金、银行存款和其他货币资金(包括在外埠存款、还未收到的在途资金、银行汇票和本票等资金)。一律按实际入账价值核定计入流动资产。

(2)应收和应预付款。包括应收工程款、应收销售款、其他应收款、应收票据及预付分包工程款、预付分包工程备料款、预付工程款、预付备料款、预付购货款和待摊费用。其价值的确定,一般情况下按应收和应预付款项的企业销售商品、产品或提供劳务时的实际成交金额或合同约定金额入账核算。

(3)各种存货。是指建设项目在建设过程中耗用而储存的各种自制和外购的各种货物,包括各种器材,低值易耗品和其他商品等。其价值确定:外购的,按照买价加运输费、装卸费、保险费、途中合理损耗、入库前加工整理或挑选及缴纳的税金等项计价;自制的,按照制造过程中发生的各项实际支出计价。

4.2.3 无形资产价值的确定

无形资产的计价,原则上应按取得时的实际成本计价。主要是应明确无形资产所包含的内容,如专利权、商标权、土地使用权等。

(1)专利权的计价。专利权分为自制和外购两种。自制专利权,其价值为开发过程中的实际支出计价。专利转让时(包括购入和卖出),其价值主要包括转让价格和手续费用。由于专利是具有专有性并能带来超额利润的生产要素,因此其转让价格不能按其成本估价,而应依据所带来的超额收益来估价。

(2)非专利技术的计价。非专利技术是指具有某种专有技术或技术秘密、技术诀窍,是先进的、未公开的、未申请专利的,可带来经济效益的专门知识和特有经验,它包括自制和外购两种。外购非专利技术,应由法定评估机构确认后,再进一步估价,一般通过其产生的收益来估价,其方法类同专利技术。自制的非专利技术,一般不得以无形资产入账,自制过程中所发生的费用,按新财务制度可作为当期费用直接计入成本处理。这是因为非专利技术自制时难以确定是否成功,这样处理符合稳健性原则。

(3)商标权的价值。商标权是商标经注册后,商标所有者依法享有的权益,它受法律保障,分为自制和购入(转让)两种。企业购入和转让商标时,商标权的计价一般根据被许可方新增的收益来确定;自制的,尽管在商标设计、制作、注册和保护、广告宣传方面都要花费一定费用,但是一般不能作为无形资产入账,而直接以销售费用计入损益表的当期损益。

(4)土地使用权的计价。取得土地使用权的方式有两种,计价方法也有两种:一是建设单位向土地管理部门申请,通过出让方式取得有限期的土地使用权而支付的出让金,应以无形资产计入核算;二是建设单位获得土地使用权原先是通过行政划拨的,不能作为无形资产,只有在将土地使用权有偿转让、出租、抵押、作价入股和投资,按规定补交土地出让金后,才可作为无形资产计入核算。

无形资产入账后,应在其有限使用期内分期摊销。

4.2.4 递延资产价值的确定

递延资产价值的确定主要是开办费的计价问题。开办费是指在筹建期间建设单位管理费中未计入固定资产的其他各项费用,如筹建期间的工作人员工资、办公费、旅差费、生产职工培训费、利息支出等。

(1)开办费的计价。筹建期间建设单位管理费中未计入固定资产的其他各项费用,如建设单位经费,包括筹建期间工作人员工资、办公费、旅差费、印刷费、生产职工培训费、样品样机购置费、农业开荒费、注册登记费等以及不计入固定资产和无形资产购建成本的汇兑损益、利息支出。按照新财务制度规定,除筹建期间不计入资产价值的汇兑净损失外,开办费从企业开始生产经营月份的次月起,按照不短于 5 年的期限平均摊入管理费用中。

(2)以经营租赁方式租入的固定资产改良工程支出的计价。以经营租赁方式租入的固定资产改良工程支出是指能增加以经营租赁方式租入的固定资产的效用或延长其使用寿命的改装、翻修、改建等支出。应在租赁有效期限内按用途(生产用、管理用)分期摊入制造费用或管理费用中。

4.2.5 其他资产计价

主要以实际入账价值核算。

关于新增资产的划分与核定,主要从以下几个方面着手进行:

(1)理解各类资产的概念及划分原则,搞清它们之间的区别,特别是固定资产与流动资产、流动资产与递延资产的区别。

(2)明确增加固定资产的其他费用的分摊方法。

(3)领会无形资产的计价原则,特别是土地使用权的计价。应理解对通过行政划拨(无偿获取)方式获得的土地使用权,不能作为无形资产入账,只有在将土地使用权作为投资使用,并补交土地出让金后,才可以将其计入无形资产。要理解计算方法,特别是其他费用的分摊方法。按照规定,增加固定资产的其他费用,应按各受益单项工程以一定的比例共同分摊。其基本原则是:建设单位管理费由建筑工程、安装工程、需安装设备价值总额等按比例分摊;而土地征用费、勘察设计费等只按建筑工程分摊。

复习思考题

1.什么是工程结算和竣工结算?

2.工程结算是如何分类的?

3.工程结算应遵循哪些原则?

4.何为竣工决算?

5.竣工决算的内容有哪些?

6.竣工决算的编制依据有哪些?

7.简述竣工决算的编制步骤。

学习项目 8   建设工程招投标与合同价款约定

了解建设工程招标投标的概念,熟悉建设工程招投标程序,掌握建设工程投标报价的技巧和策略。通过学习能够判断工程招投标,描述招标投标程序,运用投标报价的技巧和策略。

任务 8.1   建设工程招投标概述

1   招标投标概念

招标投标是商品经济中的一种竞争方式,通常适用于大宗交易。它的特点是由唯一的买主(或卖主)设定标底,招请若干个卖主(或买主)通过秘密报价进行竞争,从中选择优胜者与之达成交易协议,随后按协议实现标底。

建设项目招标投标是国际上广泛采用的业主择优选择工程承包商的主要交易方式。招标的目的是为计划兴建的工程项目选择适当的承包商,将全部工程或其中某一部分工作委托这个(些)承包商负责完成。承包商则通过投标竞争,决定自己的生产任务和销售对象,也就是使产品得到社会的承认,从而完成生产计划并实现盈利计划。为此承包商必须具备一定的条件,才有可能在投标竞争中获胜,被业主选中。这些条件主要是指一定的技术、经济实力和管理经验,足能胜任承包的任务,效率高,价格合理以及信誉良好。

建设项目招标投标制是在市场经济条件下产生的,因而必然受竞争机制、供求机制、价格机制的制约。招标投标意在鼓励竞争,防止垄断。

2   建设工程招标的范围

我国《招标投标法》规定,在中华人民共和国境内,下列工程建设项目,包括项目的勘察、设计、施工、监理以及工程建设有关的重要设备、材料等的采购,必须进行招标:
(1)大型基础设施、公用事业等社会公共利益、公共安全的项目;
(2)全部或者部分使用国家资金投资或者国家融资的项目;
(3)使用国际组织或者外国政府贷款、援助资金的项目。

建设项目的勘察、设计,采用特定专利或者专有技术的,或者其建筑艺术造型有特殊要求的,经项目主管部门批准,可以不进行招标。

任何单位和个人不得将依法必须进行招标的项目化整为零或者以其他任何方式规避招标。具体招标范围的界定,按照各省、自治区、直辖市有关部门的规定执行。

3　招标方式

建设工程的招标有公开招标、邀请招标和议标三种方式。依法可以不进行施工招标的建设项目,经过批准后可以不通过招标的方式直接将建设项目授予选定承包商。

3.1　公开招标

公开招标,是指业主以招标公告的方式邀请不特定的法人或其他组织投标。依法应当公开招标的建设项目,必须进行公开招标。公开招标的招标公告,应当在国家指定的报刊和信息网络上发布。

公开招标是一种无限竞争性招标。优点是可广泛吸引投标者,使一切有法人资格的承包企业均以平等的竞争机会参加投标。招标单位可以从较多的投标单位中选择报价合理、工期较短、信誉良好的承包商,有助于打破垄断,实行公平竞争。但对投标单位及其标书审核的工作量大、耗费较高,投标者中标的机会也较小。

3.2　邀请招标

邀请招标,是指业主以投标邀请书的方式邀请特定的法人或者其他组织投标。依法可以采用邀请招标的建设项目,必须经过批准后方可进行邀请招标。业主应当向 3 家以上具备承担施工招标项目的能力、资信良好的特定的法人或其他组织发出投标邀请书。

邀请招标是一种有限竞争性招标。优点是目标比较明确,应邀的投标单位在经济上、技术上和信誉上都比较可靠,审核工作量小,节省时间。缺点是限制了竞争范围,可能失去技术上和报价上有竞争力的投标者。这种方式多适用于大型项目及专业性强的工业建设项目的招标。

3.3　议标

议标是指由发包单位直接与选定的承包单位就发包项目进行协商的招标方式。

4　建设工程招投标的基本原则

建设工程招投标必须遵循公开、公平、公正和诚实信用的原则。

公开原则:公开是指招投标活动应有较高的透明度,具体表现在建设工程招投标的信息公开、条件公开、程序公开和结果公开。

公平原则:招投标属于民事法律行为,公平是指民事主体的平等。因此,应当杜绝一方把自己的意志强加于对方、招标压价或签订合同前无理压价,及以投标人恶意串通提高标价损害对方利益等违反平等原则的行为。

公正原则:公正是指按招标文件中规定的统一标准,实事求是地进行评标和决标,不偏袒任何一方。

诚实信用原则:是指在建设工程招投标活动中,招(投)标人应该以诚相待,讲求信义,实事求是,做到言行一致,遵守诺言,履行成约,不得见利忘义,投机取巧,弄虚作假,隐瞒欺诈,损害国家、集体和其他人的合法权益。

5　施工招标应当具备的条件

建设工程项目要进行施工招标,必须具备以下两个方面的条件。

5.1 建设单位必备的条件

（1）是法人或依法成立的其他组织；

（2）有与招标工程相适应的经济、技术管理人员；

（3）有编制招标文件的能力；

（4）有审查投标单位资质的能力；

（5）有组织开标、评标、定标的能力。

如果不具备上述后四项条件，须委托具有相应资格的招标代理机构办理招标事宜。

5.2 建设项目应具备的条件

（1）概算已经批准；

（2）建设项目已被正式列入国家、部门或地方的年度固定资产投资计划；

（3）建设用地的征用工作已经完成；

（4）有能够满足施工需要的施工图和技术资料；

（5）建设资金和主要建筑材料、设备的来源已经落实；

（6）已经建设项目所在地规划部门批准，施工现场的"四通一平"已经完成或一并列入施工招标的范围。

6 招标工作的组织方式

招标工作的组织方式有两种：一种是业主自行组织，另一种是招标代理机构组织。业主具有编制招标文件和组织评标能力的，可以自行办理招标事宜；不具备的，应当委托招标代理机构办理招标事宜。

从事工程建设项目招标代理业务的招标代理机构，其资格由国务院或者省、自治区、直辖市人民政府的建设行政主管部门认定。

招标代理机构与行政机关和其他国家机关不得存在隶属关系或者其他利益关系。

7 建设工程招标投标程序

招标是招标人选择中标人并与其签订合同的过程。按招标人和投标人参与的程度，可将招标过程概括划分成招标准备阶段、招标投标阶段和决标成交阶段。

7.1 招标准备阶段

（1）工程报建。报建时，应交验的文件资料包括立项批准文件或年度投资计划、固定资产投资许可证及建设工程规划许可证和资金证明文件。

（2）选择招标方式。根据实际情况确定发包范围；由工程情况确定招标次数和内容；由招标的准备情况选择合同的计价方式；综合各方面的因素，最终确定工程的招标方式。

（3）申请招标。招标人向建设行政主管部门办理申请招标手续。申请招标文件应说明招标工作范围、招标方式、计划工期、对投标人的资质要求、招标项目的前期准备工作的完成情况、自行招标还是委托招标等内容。

（4）编制招标有关文件。大致包括招标所用广告、招标文件、资格预审文件、合同协议书及资格预审和评标方法。

7.2　招标投标阶段

投标人编制投标文件所需要的时间自招标文件开始发出之日到投标截止之日止,最短时间不得少于 20 天。

(1)发布招标公告。内容包括招标单位名称,建设项目资金来源,工程项目概况和本次招标工作范围的简要介绍,购买资格预审文件的地点、时间和价格等。

(2)资格预审。

(3)招标文件。招标文件是投标人编制投标文件和报价的依据,通常分为投标须知、合同条件、技术规范、图纸和技术规范及工程量清单几大部分内容。

(4)现场考察。招标人在投标须知规定的时间内组织投标人自费进行现场考察。

(5)标前会议。标前会议是投标截止日期以前,按投标须知规定的时间和地点召开的会议,又称交底会议。标前会议上的补充说明作为补充文件和招标文件的组成部分,具有同等的法律效力。

7.3　决标成交阶段

从开标日到签订合同这一期间称为决标成交阶段,是对投标书进行评审比较,最终确定投标人的过程。

(1)开标。开标时,需要验标,确认无误后再宣读。所有在投标致函中提到的附加条件、补充声明、优惠条件、替代方案等均应宣读。应审核是否是废标。

(2)评标。评标是招标机构确定的评标委员会根据招标文件的要求,对所有投标文件进行评估,并推荐出中标候选人的行为。评标是招标人的单独行为,由招标机构组织进行。这一环节的步骤主要有审查标书是否符合招标文件的要求和有关惯例;组织人员对所有标书按照一定方法进行比较和评审;就初评阶段被选出的几份标书中存在的某些问题,要求投标人加以澄清;最终评定并写出评标报告。

(3)定标。定标程序是中标人确定后,招标人向中标人发出中标通知书,同时将中标结果通知所有未中标的投标人并退还投标保证金或保函。中标通知书对招标人和投标人具有法律效力,中标通知书发出后 30 天内双方应按招标文件和投标文件订立书面合同;定标原则是严格按照我国《招标投标法》执行。

(4)签订合同。

任务 8.2　招标控制价

1　招标控制价的概念

招标控制价是指招标人根据国家或省级、行业建设主管部门颁发的有关计价依据和办法,按设计施工图纸计算的,对招标工程限定最高工程造价。

随着工程量清单计价的全面实行,工程招投标活动中将以工程量清单计价作为计价方式,投标人可根据《建设工程工程量清单计价规范》(GB 50500—2013)、招标人提供的工程量清单数量、企业自身情况报出具有竞争性的工程综合单价,以不低于成本的报价竞标。

招标人编制的招标控制价是业主对合同成交价的期望值,是同类工程社会平均值。

在以往定额计价招标活动中,招标控制价的作用主要是商务标拒标、审标、评标、定标的依据。如:以招标控制价的+3%、-5%为限,投标报价越接近-5%得分越高,而这个报价并不能反映企业管理水平、技术装备、人员素质,也不符合工程量清单计价本质。在清单计价招标活动中,招标人编制的招标控制价不再是商务标的评标基准和中标依据,招标控制价仅作为拒标(防止投标人串标抬价)和审标(以不平衡报价获取高额利润,损害业主利益)的依据。商务标的评标、定标依据是:经评审的不低于成本的最低报价。在这种情况下,招标人编制的工程招标控制价具有以下特殊的意义。

(1)招标控制价是招标人控制建设工程投资、确定工程合同价格的参考依据。

(2)招标控制价是衡量、评审投标人投标报价是否合理的尺度和依据。

(3)可以防止潜在的投标人串通抬价的重大风险,还可以预防投标人采用不平衡报价(量多低价、量少高价,前期高价、后期低价,低价中标、高价索赔)的方法带来损失。

因此,标的价格必须以严格认真的态度和科学的方法进行编制,应当实事求是,综合考虑和体现发包方和承包方的利益。没有合理的招标控制价可能会导致工程招标的失误,达不到降低建设投资、缩短建设工期、保证工程质量、择优选用工程承包商的目的。编制切实可行的招标控制价,真正发挥招标控制价的作用,严格衡量和审定投标人的投标报价,是工程招标工作达到预期目的的关键。

2 招标控制价的编制原则、依据和步骤

2.1 招标控制价的编制原则

工程招标控制价是招标人控制投资、确定招标工程造价的重要手段,工程招标控制价在计算时要力求科学合理、计算准确。招标控制价应当参考国务院和省、自治区、直辖市人民政府建设行政主管部门制定的工程造价计价办法和计价依据以及其他有关规定,根据市场价格信息,由招标单位或委托有相应资质的招标代理机构和工程造价咨询单位以及监理单位等中介组织进行编制。工程招标控制价的编制人员应严格按照国家的有关政策、规定,科学、公正地编制工程招标控制价。

在招标控制价的编制过程中,应遵循以下原则:

(1)根据国家统一的工程项目划分、计量单位、工程量计算规则以及设计图纸、招标文件,并参照国家、行业或地方批准发布的定额和国家、行业、地方规定的技术标准规范以及要素市场价格确定工程量和编制招标控制价。

(2)招标控制价作为招标人的期望价格,应力求与市场的实际变化相吻合,要有利于竞争和保证工程质量。

(3)招标控制价应由分部分项工程费、措施项目费、其他项目费、规费、税金组成,分部分项工程费、措施项目费、其他项目费包含人工费、材料费、施工机具使用费、企业管理费和利润等,一般应控制在批准的建设工程投资估算或总概算(修正概算)造价以内。

(4)招标控制价应考虑人工、材料、设备、机械台班等价格变化因素,还应包括管理费、其他费用、利润、税金以及不可预见费、预算包干费、措施费(赶工措施费、施工技术措施费)、现场因素费用、保险等。采用固定价格的还应考虑工程的风险金等。

(5)一个工程只能编制一个招标控制价。

（6）招标人不得以各种原因任意压低招标控制价价格。

（7）工程招标控制价格完成后应及时封存，在开标前应严格保密，所有接触过工程招标控制价的人员都负有保密责任，不得泄露。

2.2　招标控制价的编制依据

工程招标控制价的编制主要需依据以下基本资料和文件：

（1）国家或省级、行业建设主管部门颁布的计价定额和计价办法。

（2）工程招标文件中确定的计价依据和计价办法，招标文件的商务条款，包括合同条件中规定由工程承包方应承担义务而可能发生的费用，以及招标文件的澄清、答疑等补充文件和资料。在计算招标控制价时，计算要求和取费内容必须与招标文件中有关取费等的要求一致。

（3）工程设计文件、图纸、技术说明及招标时的设计交底，按设计图纸确定的或招标人提供的工程量清单等相关基础资料。

（4）国家、行业、地方的工程建设标准，包括建设工程施工必须执行的建设技术标准、规范和规程。

（5）工程施工现场地质、水文勘探资料，现场环境和条件及反映相应情况的有关资料。

（6）招标时的人工、材料、设备及施工机械台班等的要素市场价格信息，以及国家或地方有关政策性调价文件的规定。

2.3　招标控制价的编制步骤

2.3.1　准备工作

首先，要熟悉施工图设计及说明，如发现图纸中有问题或有不明确之处，可要求设计单位进行交底、补充，做好记录，在招标文件中加以说明；其次，要勘查现场，实地了解现场情况及周围环境，以作为确定施工方案、包干系数和技术措施费等有关费用的依据；再次，要了解招标文件中规定的招标范围，材料、半成品和设备的加工订货情况，工程质量和工期要求，物资供应方式；要进行市场调查，掌握材料、设备的市场价格。

2.3.2　收集编制依据

编制招标控制价需收集的资料和依据，包括招标文件相关条款、设计文件、工程定额及工程量清单计价规范、施工方案、现场环境和条件、市场价格信息等。总之，凡在工程建设实施过程中可能影响工程费用的各种因素，在编制招标控制价前都必须予以考虑，收集所有必需的资料和依据，达到招标控制价编制具备的条件。

2.3.3　计算招标控制价

（1）招标控制价应根据所必需的资料，依据招标文件、设计图纸、施工组织设计、要素市场价格、相关定额以及计价办法等仔细、准确地进行计算。

（2）以工程量清单确定划分的计价项目及其工程量，按照采用的工程定额或招标文件的规定，计算整个工程的人工、材料、机械台班需用量。

（3）确定人工、材料、设备及施工机械台班的市场价格，分别编制人工工日及单价表、材料价格清单表、机械台班及单价表等招标控制价表格。

（4）确定工程施工中的措施费用和特殊费用，编制工程现场因素、施工技术措施、赶工措施费用表以及其他特殊费用表。

（5）采用固定合同价格的，预测和测算工程施工周期内的人工、材料、设备、机械台班价格波动的风险系数。

（6）根据招标文件的要求，编制工程招标控制价计算书和招标控制价汇总表，或是根据招标文件的要求，通过综合计算完成分部分项工程所发生的直接费、其他直接费、现场经费、间接费、利润、税金，形成全费用单价即综合单价，按综合单价编制工程招标控制价计算书和标的价格汇总表。

2.3.4　审核招标控制价

计算得到招标控制价以后，应依据工程设计图纸、特殊施工方法、工程定额等对填有单价与合价的工程量清单招标控制价计算书、招标控制价汇总表、采用固定价格的风险系数测算明细，以及现场因素、各种施工措施测算明细、材料设备清单等招标控制价编制表格进行复核与审查。

在工程量清单计价模式下招标控制价编制审核应注意的事项：

（1）内容是否完整。包括分部分项工程量清单、措施项目清单和其他项目清单三部分。

（2）内容是否全面正确。包括"五统一"（统一项目编码、统一项目名称、统一项目特征、统一计量单位、统一工程量计算规则）原则，包括项目编码、项目名称、项目特征、计量单位和工程数量，是否符合招标文件的要求，项目的特征描述要准确全面，防止产生误解，避免遗漏，应贯彻客观、公正、科学、合理的原则。

（3）措施项目清单包括的内容是否完整。对于原来含在预算定额直接费里的措施费用（占工程直接费的 10%~15%），因这部分造价不构成工程实体，属于施工企业竞争报价范畴，企业在投标报价时，为使其报价具有竞争性，基本上不会全额计算，招标人在设立招标控制价时应考虑这部分因素。

（4）其他项目清单包括的内容是否完整。

（5）清单项目的描述是否全面、准确。

3　招标控制价文件的主要内容

（1）招标控制价编制的综合说明。

（2）招标控制价，包括招标控制价审定书、工程量清单、招标控制价计算书、现场因素和施工措施费明细表、工程风险金测算明细表、主要材料用量表等。

（3）主要人工、材料、机械设备用量表。

（4）招标控制价附件，包括各项交底纪要，各种材料及设备的价格来源，现场的地质、水文、地上情况的有关资料，编制招标控制价所依据的施工方案和施工组织设计，特殊施工方法等。

（5）招标控制价编制的有关表格。

4　招标控制价表格

根据编制招标控制价采用的方法不同，表格也有所区别。

4.1　采用综合单价法编制招标控制价的表格

（1）招标控制价编制说明；

(2)招标控制价汇总表;

　　(3)主要材料清单价格表;

　　(4)设备清单价格表;

　　(5)工程量清单价格表;

　　(6)措施项目价格表;

　　(7)其他项目价格表;

　　(8)工程量清单项目价格计算表。

4.2　采用工料单价法编制招标控制价

　　(1)招标控制价编制说明;

　　(2)招标控制价汇总表;

　　(3)主要材料清单汇总表;

　　(4)设备清单价格表;

　　(5)分部分项工程供料价格计算表;

　　(6)分部分项工程费用计算表。

5　招标控制价的编制

　　工程招标控制价是招标人控制建设投资、掌握招标工程造价的重要手段。工程招标控制价在计算时应科学合理、准确和全面。应严格按照国家的有关政策、规定,科学公正地编制工程招标控制价。

5.1　招标控制价的计算格式

　　工程招标控制价编制,需要根据招标工程的具体情况,如设计文件和图纸的深度、工程的规模和复杂程度、招标人的特殊要求、招标文件对投标报价的规定等,选择合适的类型和编制方法。

　　如果在招标时施工图设计已经完成,招标控制价应按施工图纸进行编制;如果招标时只是完成了初步设计,招标控制价只能按照初步设计图纸进行编制;如果招标时只有设计方案,招标控制价可用每平方米造价指标或单位指标等进行编制。

　　招标控制价的编制,除按设计图纸进行费用的计算外,还需考虑图纸以外的费用,包括由合同条件、现场条件、主要施工方案、施工措施等所产生费用的取定。如依据招标文件和合同条件的不同要求,选择不同的计价方式,考虑相应的风险费用;依据招标人对招标工程确立的质量要求和标准,合理确定相应的质量费用;依据招标人对招标工程确定的施工工期要求、施工现场的具体情况,考虑必需的施工措施费用和技术措施费用等。

　　根据我国现行工程造价的计算方法与习惯做法,在按工程量清单计算招标控制价时,单价的计算可采用工料单价法和综合单价法。

5.2　招标控制价的编制方法

5.2.1　以定额计价法编制招标控制价

　　定额计价法编制招标控制价采用的是分部分项工程量的直接费单价(或称为工料单价),仅仅包括人工、材料、机械费用。它分为单位估价法和实物量法。

5.2.2　以工程量清单计价法编制招标控制价

工程量清单计价法编制招标控制价时采用的单价主要是综合单价。用综合单价编制标的价格,要根据统一的项目划分,按照统一的工程量计算规则计算工程量,确定分部分项工程项目以及措施项目的工程量清单;然后分别计算其综合单价,该单价是根据具体项目分别计算的,综合单价确定以后,填入工程量清单表中,再与工程量相乘得到合价,汇总之后最后考虑规费、税金即可得到招标控制价。

5.3　编制招标控制价需要考虑的其他因素

(1)招标控制价必须适应目标工期的要求,对提前工期因素有所反映。

若招标工程的目标工期不属于正常工期,而需要缩短工期,承包方此时就要考虑施工措施,增加人员和施工机械设备的数量,加班加点,付出比正常工期更多的人力、物力、财力,这样就会提高工程成本。因此,编制招标工程的招标控制价时,必须考虑这一因素,把目标工期对照正常工期,按提前天数给出必要的赶工费和奖励,并列入招标控制价。

(2)招标控制价必须适应招标人的质量要求,对高于国家验收规范的质量要求,应优质优价。

招标控制价计算时对工程质量的要求,是按照国家规定的施工验收规范来检查验收的,但有时招标人往往还会提出高于国家验收规范的质量要求,承包方为此要付出更多的费用,因此招标控制价的计算应体现优质优价。

(3)招标控制价应根据招标文件或合同条件的规定,按规定的工程发承包模式,确定相应的计价方式,考虑相应的风险费用。

(4)招标控制价必须综合考虑招标工程所处的自然地理条件和招标工程的范围等因素。

总之,编制一个比较理想的工程招标控制价,要把建设工程的施工组织和规划做得比较深入、透彻,有一个比较先进、切合实际的施工规划方案。要认真分析拟采用的工程定额、行业总体的施工水平和可能前来投标企业的实际水平,比较合理地运用工程定额编制招标控制价价格。此外,还要分析建筑市场的动态,比较切实地把握招标投标的形式,要正确处理招标人与投标人的利益关系,坚持公平、公正、公开、客观、统一的基本原则。

任务 8.3　投标报价的编制

建设工程投标报价,是投标人按照招标文件的要求及报价费用的组成,结合施工现场和企业自身情况自主报价。现阶段,我国规定的编制投标报价的方法有两种:一种是工料单价法,另一种是综合单价法。工料单价法是我国长期采用的一种报价方法,它是以政府定额或企业定额为依据进行编制的;综合单价法是一种国际惯例计算报价模式,每一项单价中已综合了各种费用。在工程量清单计价模式下的投标报价采用综合单价法编制。

1　投标报价计算的原则

投标报价是承包工程的一个决定性环节,投标价格的计算是工程投标的重要工作,是投标文件的主要内容,招标人把投标人的投标报价作为主要标准来选择中标者,中标价也是招标人和投标人就工程进行承包合同谈判的基础。因此,投标报价是投标人进行工程投标的核心,报价过高会失去承包机会;而报价过低,虽然可能中标,但会给工程承包方带来亏损的风险。因此,报价过高或过低都不可取,必须做出合理的报价。

(1)以招标文件中设定的发承包双方的责任划分,作为考虑投标报价费用项目和费用计算的基础;根据工程发承包模式考虑投标报价的费用内容和计算深度。

(2)以施工方案、技术措施等作为投标报价计算的基本条件。

(3)以反映企业技术和管理水平的企业定额作为计算人工、材料、机械消耗量的基本依据。

(4)充分利用现场考察、调研成果、市场价格信息和行情资料等编制基价,确定调价方法。

(5)报价计算方法要科学严谨、简明实用。

2 投标报价的主要内容

2.1 研究招标文件

取得招标文件以后,首要的工作是仔细认真地研究招标文件,充分了解其内容和要求,以便安排投标工作,并发现应提请招标单位予以澄清的疑点。研究招标文件时,通常重点放在以下几方面:

(1)研究工程综合说明,借以获得对工程全貌的轮廓性了解。

(2)熟悉并详细研究设计图纸和技术说明书,目的在于弄清工程的技术细节和具体要求,使制订施工方案和报价时有确切的依据。为此,要详细了解设计规定的各部位做法和对材料品种规格的要求、各种图纸之间的关系等,发现不清楚或互相矛盾之处,要提请招标单位解释或订正。

(3)研究合同主要条款,明确中标后应承担的义务、责任及应享受的权利,重点是承包方式,开竣工时间及工期奖罚,材料供应及价款结算办法,预付款的支付和工程款结算办法,工程变更及停工、窝工损失处理办法等。因为这些因素或者关系到施工方案的安排,或者关系到资金的周转,最终都会反映在标价上,所以都须认真研究,以利于减少风险。

(4)熟悉投标单位须知,明确了解在投标过程中,投标单位应在什么时间做什么事和不允许做什么事,目的在于提高效率,避免造成废标,徒劳无功。

全面研究了招标文件,对工程本身和招标单位的要求有了基本的了解之后,投标单位就可以制订自己的投标工作计划,以争取中标为目标,有秩序地开展工作。

2.2 调查投标环境

投标环境就是投标工程的自然、经济和社会条件。这是工程施工的制约因素,必然影响工程成本,是投标报价时必须考虑的因素,所以要在报价前尽可能了解清楚。

(1)施工现场条件,可通过踏勘现场和研究招标单位提供的地质勘探报告资料来了解。主要有场地的地理位置,地上、地下有无障碍物,地基土质及其承载力,进出场通道,给排水、供电和通信设施,材料堆放场地的最大容量,是否需要二次搬运,临时设施场地等。

(2)自然条件,主要是影响施工的风、雨、气温等因素。如风、雨季的起止期,常年最高气温、最低气温和平均气温以及地震烈度等。

（3）建材供应条件,包括砂石等地方材料的采购和运输,钢材、水泥、木材等材料的供应来源和价格,当地供应构配件的能力和价格,租赁建筑机械的可能性和价格等。

（4）专业分包的能力和分包条件。

（5）生活必需品的供应情况。

2.3 确定投标策略

建筑企业参加投标竞争,目的在于得到对自己最有利的施工合同,从而获得尽可能多的盈利。为此,必须研究投标策略,以指导其投标全过程的活动。

2.4 制订施工方案

施工方案是投标报价的一个前提条件,也是招标单位评标要考虑的重要因素之一。施工方案主要应考虑施工方法、主要机械设备、施工进度、现场工人数目的平衡以及安全措施等,要求在技术和工期两方面对招标单位有吸引力,同时有助于降低施工成本。由于投标的时间要求往往相当紧迫,所以施工方案不可能也没必要编得很详细,只要抓住要点,扼要说明即可。

2.5 复核工程量

对工程招标文件中提供的工程量清单,在投标价格计算之前,要根据设计图纸对工程量进行校核。如果招标文件对工程量计算方法有规定,应按规定的方法进行计算。

2.6 确定单价、计算合价

在投标报价中,复核或者计算各个分部分项工程量的实物工程量以后,就需确定每一个分部分项工程的单价,并按招标文件中工程量表的格式填写报价,一般是按分部分项工程内容和项目名称填写单价与合价。

计算单价时,应将构成分部分项工程的所有费用项目都纳入其中。人工、材料和机械费用应是根据分部分项工程的人工、材料和机械消耗量及其相应的市场价格计算而得的。一般来说,承包企业应建立自己的标准价格数据库,并据此计算工程的投标价格。在应用单价数据库针对某一具体工程进行投标报价时,需要对选用的单价进行审核评价与调整,使之符合拟投标工程的实际情况,反映市场价格的变化。

在投标报价编制的各个阶段,投标价格一般以表格的形式进行计算,投标报价的表格与招标控制价编制的表格基本相同,主要用于工程量计算、单价确定、合价计算等阶段。在每一阶段可以制作若干不同的表格以满足不同的需要。标准表格可以提高投标报价编制的效率,保证计算过程的一致性。此外,标准表格便于企业内各个投标计算者之间的交流,也便于与其他人员(包括项目经理、项目管理人员、财务人员)的沟通。

2.7 确定分包工程费

来自分包人的工程分包费用是投标报价的一个重要组成部分,有时总承包人投标报价中的相当部分来自于分包工程费。因此,在编制投标价格时,需有一个合适的价格来衡量分包人的报价,需熟悉分包工程的范围,对分包人的能力进行评估。

2.8 确定利润

利润是指承包人的预期盈利,确定利润取值的目标是考虑既可以获得最大的可能利润,又要保证投标价格具有一定的竞争性。投标报价时,应根据市场竞争情况确定在该工程上的利润率。

2.9　确定风险费

风险费对承包人来说是一个未知数,如果预计的风险没有全部发生,则可能预计的风险费有剩余,这部分剩余和计算利润加在一起就是盈余;如果风险费估计不足,则只有由利润来贴补,盈余自然就减少,甚至可能成为负值。在投标时,应根据该工程规模及工程所在地的实际情况,由有经验的专业人员对可能的风险因素进行逐项分析后确定一个比较合理的费用比率。

2.10　确定投标价格

将所有分部分项工程的合价累加汇总后就可得出工程的总价,但是这样计算的工程总价还不能作为投标价格,因为计算出来的价格有可能重复计算或漏算,也有可能某些费用的预估有偏差等,因此必须对计算出的工程总价做出某些必要的调整。调整投标价格应当建立在对工程盈亏分析的基础上,盈亏预测应用多种方法从多角度进行,找出计算中的问题以及分析可以通过采取哪些措施降低成本、增加盈利,确定最后的投标报价。

3　投标报价策略与技巧

3.1　投标报价策略

投标报价策略是指投标人通过决策确定的在投标过程中采用的规避重大风险、提高中标概率的措施和技巧。

制定报价策略必须考虑投标者的数量、主要竞争对手的优势、业主和监理的情况、竞争对手实力的强弱、法律和法规、风险因素和支付条件等因素,根据不同情况可计算得出高、中、低三套报价方案。

3.2　投标决策的步骤和方法

(1)收集招标项目信息,编制招标项目一览表。

(2)分析企业自身业务能力水平和经营状况:明确自己的优势和不足,以及经营目标和发展趋势。

(3)分析竞争对手及竞争形势。

3.3　投标策略的分析

3.3.1　常规报价策略

常规价格即中等水平的价格,根据系统设计方案,核定施工工作量,确定工程成本,经过风险分析,确定应得的预期利润后进行汇总。然后结合竞争对手的情况及招标方的心理底价,对不合理的费用和设备配套方案进行适当调整,确定最终报价。

3.3.2　高价赢利策略

高价赢利策略是指在报价过程中以较大利润为投标目标的策略,这种策略的使用通常基于以下情况:

(1)施工条件差的工程;

(2)专业要求高的技术密集型工程,而本公司在这方面又有专长,声望也较高;

(3)总价低的小工程,以及自己不愿做的工程;

(4)特殊工程,如港口、地下开挖工程等;

(5)工期要求急的工程;

(6)投标对手少的工程;

(7)支付条件不理想的工程。

3.3.3 低价薄利策略

低价薄利策略是指在报价过程中以薄利投标的策略。通常在以下情况下使用:

(1)施工条件好的工程,工作简单、工程量大而一般公司都可以做的工程;

(2)本公司目前急于打入某一市场、某一地区,或在该地区面临工程结束,机械设备等无工地转移时;

(3)本公司在附近有工程,而本项目又可以利用该工程的设备、劳务,或有条件短期内突击完成的工程;

(4)投标对手多,竞争激烈的工程;

(5)支付条件好的工程。

3.3.4 无利润算标的策略

无利润算标的策略是指缺乏竞争优势的承包商,在不得已的情况下,只好在算标中根本不考虑利润去夺标。这种策略通常在以下情况下采用:

(1)可能在得标后,将大部分工程分包给索价较低的一些分包商。

(2)对于分期建设的项目,先以低价获得首期工程,而后赢得机会创造第二期工程中的竞争优势,并在以后的实施中赚得利润。

(3)长时期内,承包商没有在建的工程项目,如果再不得标,就难以维持生存。虽无利可图,但能获得一定的管理费以维持公司的日常运转。

3.4 报价技巧

3.4.1 不平衡报价法

所谓不平衡报价法,是指一个工程项目总报价基本确定后,通过调整内部某些分部分项工程的单价,既不提高总报价、不影响中标,又能在结算时得到更理想的经济效益。

一般可以考虑在以下几个方面采用不平衡报价:

(1)对能够先获得付款的分部分项工程(如土方、基础工程等),可适当提高其综合单价;对后期施工的分部分项工程(如粉刷、油漆、电气设备安装等)单价适当降低。

(2)预计今后工程量会增加的项目,单价适当提高;预计工程量可能减少的项目,单价适当降低。

(3)设计图纸不明确,估计修改后工程量要增加的项目,可以提高单价。而工程内容解说不清楚的,则可适当降低单价,待澄清后再重新定价。

(4)暂定项目,又叫任意项目或选择项目,对这类项目要具体分析。对暂定项目中实施的可能性大的项目,单价可报高些;预计不一定实施的项目,单价可适当报低些。

3.4.2 多方案报价法

多方案报价法是指对同一个招标项目除按招标文件的要求编制一个投标报价外,还编制了一个或几个建议方案。多方案报价法有时是招标文件中规定采用的,有时是承包商根据需要采用的。承包商决定采用多方案报价法,通常主要有以下两种情况:

(1)如果发现招标文件中的工程范围很不具体、明确,或条款内容很不清楚、很不公正,或对技术规范的要求过于苛刻,可先按招标文件中的要求报一个价,然后再说明假如招标人对合同要求作某些修改,报价可降低多少,由此可报出一个较低的价,吸引业主。

（2）如发现设计图纸中存在某些不合理并可以改进的地方,或可以利用某些新技术、新工艺、新材料替代的地方,或者发现自己的技术和设备满足不了招标文件中设计图纸的要求,可以先按设计图纸的要求报一个价,然后另附上一个建议设计方案作比较,或说明在修改设计的情况下,报价可降低多少。这种情况通常也称作修改设计法。

3.4.3　突然降价法

突然降价法是指为迷惑竞争对手而采用的一种竞争方法。通常的做法是,在准备投标报价的过程中预先考虑好降价的幅度,然后有意散布一些假情报,如打算弃标、按一般情况报价或准备报高价等,等临近投标截止日期前,突然降低报价,以期战胜竞争对手。

3.4.4　先亏后赢法

在实际工作中,有的承包商为了打入某一地区或某一领域,依靠自身实力,采取一种不惜代价只求中标的低报价投标方案。一旦中标之后,可以承揽这一地区或这一领域更多的工程任务,达到总体赢利的目的。

4　无效的投标文件和废标

4.1　无效的投标文件

（1）投标文件未按照招标文件的要求予以密封或逾期送达的;

（2）投标函未加盖投标人的公章及法定代表人印章或委托代理人印章的,或者法定代表人的委托代理人没有合法有效的委托书（原件）的;

（3）投标文件的关键内容字迹模糊、无法辨认的;

（4）投标人未按照招标文件的要求提供投标担保或没有参加开标会议的;

（5）组成联合体投标,但投标文件未附联合体各方共同投标协议的。

4.2　废标

以下情况按废标处理:

（1）投标人以他人的名义投标、串通投标、以行贿手段或者以其他弄虚作假方式谋取中标的投标;

（2）投标人以低于成本报价竞标;

（3）投标人资格条件不符合国家规定或招标文件要求的;

（4）拒不按照要求对投标文件进行澄清、说明或补正的;

（5）未在实质上响应招标文件的投标。

任务 8.4　合同价款的约定

1　工程合同价款的确定方式

1.1　通过招标选定中标人决定合同价

通过招标选定中标人决定合同价是工程建设项目发包适应市场机制、普遍采用的一种方式。《中华人民共和国招标投标法》规定:经过招标、评标、决标后,自中标通知书发

出之日起 30 日内,招标人与中标人应根据招投标文件订立书面合同。其中,标价就是合同价,合同内容包括:

(1)双方的权利、义务;

(2)施工组织计划和工期;

(3)质量与验收;

(4)合同价款与支付;

(5)竣工与结算;

(6)争议的解决;

(7)工程保险等。

建设工程施工合同目前普遍采用的合同文本为住房和城乡建设部、工商行政管理总局发布的《建设工程施工合同(示范文本)》(GF—2013—0201)。该文本由合同协议书、通用合同条款和专用合同条款三部分组成。

1.2　以施工图预算为基础,发包方与承包方通过协商谈判决定合同价

以施工图预算为基础,发包方与承包方通过协商谈判决定合同价这一方式主要适用于抢险工程、保密工程、不宜进行招标的工程以及依法可以不进行招标的工程项目,合同签订的内容同上。

2　工程合同价款的确定

业主、承包商应当在合同条款中除约定合同价外,一般对下列有关工程合同价款的事项进行约定:

(1)预付工程款的数额、支付时限及抵扣方式。

(2)支付工程进度款的方式、数额及时限。

(3)工程施工中发生变更时,工程价款的调整方法、索赔方式、时限要求及金额支付方式。

(4)发生工程价款纠纷的解决方法。

(5)约定承担风险的范围和幅度,以及超出约定范围和幅度的调整方法。

(6)工程竣工价款结算与支付方式、数额及时限。

(7)工程质量保证(保修)金的数额、预扣方式及时限。

(8)工期及工期提前或延后的奖惩方法。

(9)与履行合同、支付价款有关的担保事项。

招标工程合同约定的内容不得违背招投标文件的实质性内容。招标文件与中标人投标文件不一致的地方,以投标文件为准。

3　施工合同价款的确定方式

《建筑工程施工发包与承包计价管理办法》经住房和城乡建设部第 9 次部常务会议审议通过,2013 年 12 月 11 日中华人民共和国住房和城乡建设部令第 16 号发布。《建筑工程施工发包与承包计价管理办法》共 27 条,自 2014 年 2 月 1 日起施行。建设部 2001 年 11 月 5 日发布的《建筑工程施工发包与承包计价管理办法》(建设部令第 107 号)予以废止。

《建筑工程施工发包与承包计价管理办法》规定,合同价款的有关事项由发承包双方约定,一般包括合同价款约定方式,预付工程款、工程进度款、工程竣工价款的支付和结算方式,以及合同价款的调整情形等。

　　《建筑工程施工发包与承包计价管理办法》第十三条规定,发承包双方在确定合同价款时,应当考虑市场环境和生产要素价格变化对合同价款的影响。

　　实行工程量清单计价的建筑工程,鼓励发承包双方采用单价方式确定合同价款。

　　建设规模较小、技术难度较低、工期较短的建筑工程,发承包双方可以采用总价方式确定合同价款。

　　紧急抢险、救灾以及施工技术特别复杂的建筑工程,发承包双方可以采用成本加酬金方式确定合同价款。

　　《建筑工程施工发包与承包计价管理办法》第十四条规定,发承包双方应当在合同中约定,发生下列情形时合同价款的调整方法:

　　(1)法律、法规、规章或者国家有关政策变化影响合同价款的;

　　(2)工程造价管理机构发布价格调整信息的;

　　(3)经批准变更设计的;

　　(4)发包方更改经审定批准的施工组织设计造成费用增加的;

　　(5)双方约定的其他因素。

3.1　固定单价合同

　　实行工程量清单招标的工程鼓励发承包双方采用单价方式确定合同价款,以体现风险共担的原则。双方在专用条款内约定合同价款包含的风险范围和风险费用的计算方法,在约定的风险范围内合同价款不再调整。风险范围以外的合同价款调整方法,应当在专用条款内约定。发承包双方必须在合同专用条款中约定风险范围和风险费用的计算方法,并约定超出风险范围时的综合单价调整办法,具体调整办法可按下述原则执行:

　　(1)主要材料价格涨跌超出有经验的承包商可预见的范围时,材料单价可以调整。调整方法为:在按合同约定支付工程款时,若工程所在地造价管理部门发布的材料指导价上涨超过开标时材料指导价的10%,10%以内部分由承包人承担,10%以外部分由发包人承担;若工程所在地造价管理部门发布的材料指导价下跌超过开标时材料指导价的5%,5%以内部分由承包人受益,5%以外部分由发包人受益。

　　(2)分部分项单项工程量变更超过15%,并且该项分部分项工程费超过分部分项工程量清单计价合计1%的,增加部分的工程量或减少后剩余部分的工程量的综合单价由承包人提出,经发包人确认后,作为结算的依据。当分部分项工程量清单项目发生工程量变更时,其措施项目费用中相应的模板、脚手架工程量应作适当调整。

3.2　固定总价合同

　　实行工程量清单招标的工程,一般不宜采用固定总价合同形式。但工期在一年以内,合同总价在500万元以内,并且施工图设计深度符合规定的工程,可采用固定总价合同。

　　采用固定总价合同的工程,招标人应给投标人提供足够时间(从招标文件发出后,一般不少于7个工作日),在投标前复核确认清单工程量的准确性,修正招标文件中的缺陷或者错误;否则,不得采用固定总价合同形式。

同时,发承包双方必须在合同专用条款中约定合同价款的风险范围和风险费用的计算方法。原则上除设计变更、发包人更改经审定批准的施工组织设计、国家政策性调整外,合同价格一般不再调整。

3.3 可调价格合同

实行工程量清单招标的工程,一般不采用可调价格合同形式。确实需要采用的,发承包双方应在合同中约定综合单价和措施费的调整方法。

4 对于材料、设备的价格约定

发包人提供材料、设备的,材料、设备价格由发包人提供,一般应以造价管理部门发布的指导价格或市场价格为准;发包人不得要求投标人在投标过程中对该部分的材料、设备价格另行报价。发承包双方应在合同专用条款中约定甲供材料设备扣除的价格、时间、领料量超出或少于所报数量时价款的处理办法。没有约定时,宜按下述原则执行:

(1)承包人退还甲供材料设备价款时,按发包人在招标文件中给定的材料设备价格(含采购保管费)除以 1.01 后退给发包人(1%作为施工单位的现场保管费)。

(2)领料量超出承包人在投标文件中所报数量时,超出部分的材料、设备价款由承包人按照市场价格支付给发包人;领料量少于承包人在投标文件中所报数量时,节余部分的材料、设备归承包人。

5 对工期、质量的要求

双方对合同施工工期、工程质量及承包方式有特殊约定的,合同价款除包括工程造价外,还应包括工期补偿费、优良工程补偿费、赶工措施费和风险系数等费用。

特殊工程、高层建筑等工程在施工图纸全部出齐前需开工的,合同价款可以将暂估价列入条款中,但必须在合同中说明计算合同价款的原则和办法。

工期定额是在正常施工条件下社会平均劳动生产率水平的反映,建设单位不得任意压缩定额工期。招标文件中要求工期比工期定额提前的,投标人在报价时应计取相应的赶工措施费。发承包双方应在合同中约定提前工期奖的计取方法,计算工期提前天数时,应以合同工期为准。

工程质量的标准和要求必须符合国家、行业或地方有关规定。对材料、设备、施工工艺和工程质量的检查与验收要求,承发包双方应在合同中约定。承包方应严格按施工合同和标准规范要求组织施工。发包方要求工程质量达到优良等级的,应按优质价的原则,在合同中明确优良工程补偿费的数额或计算方法。

发承包双方通过招标投标或双方协商合理确定合同价款,并按合同约定对价款进行适时的调整。工程造价应以定额预算价和相应取费标准作为指导价格。

复习思考题

1.招标方式有哪些? 建设工程招投标的基本原则是什么?

2.建设单位和建设项目招标各应具备哪些条件?

3.简述建设工程招标和投标程序。

4.什么是招标控制价？它有何意义？

5.招标控制价的编制应遵循哪些原则？

6.如何编制招标控制价？

7.投标报价的基本原则有哪些？

8.投标报价有哪些策略和技巧？

9.哪些投标文件是无效的投标文件或废标？

参 考 文 献

［1］中华人民共和国住房和城乡建设部.建筑工程建筑面积计算规范:GB/T 50353—2013[S].北京:中国计划出版社,2013.

［2］中华人民共和国住房和城乡建设部,中华人民共和国国家质量监督检验检疫总局.建设工程工程量清单计价规范:GB/T 50500—2013[S].北京:中国计划出版社,2013.

［3］中华人民共和国建设部.全国统一建筑装饰装修工程消耗定额:GYD-901-2002[S].北京:中国计划出版社,2002.

［4］李伟昆.建筑装饰工程计量与计价[M].北京:北京理工大学出版社,2010.

［5］中华人民共和国住房和城乡建设部,中华人民共和国国家质量监督检验检疫总局.房屋建筑与装饰工程工程量计算规范:GB 50854—2013[S].北京:中国计划出版社,2013.

［6］中国建设工程造价管理协会.图释建筑工程建筑面积计算规范[M].北京:中国计划出版社,2007.

［7］范菊雨.建筑装饰工程计量与计价[M].上海:上海交通大学出版社,2015.